宠物大本营

宠物图书编委会 编

选狗养狗

全攻略

化学工业出版社

·北京·

本书根据养狗、爱狗人士的需求，全面介绍了狗狗的生活习性以及驯养狗狗的方式方法。从如何挑选认养狗狗，到狗狗的健康喂养和训练，以及狗狗疾病的预防和治疗，狗狗的日常护理、狗狗心理和生理密码解读等，可谓信息量大、涵盖面广，让您养狗再无后顾之忧。

图书在版编目（CIP）数据

选狗养狗全攻略 / 宠物图书编委会编. — 北京：化学工业出版社，2019.10
（宠物大本营）
ISBN 978-7-122-34975-0

Ⅰ. ①选… Ⅱ. ①宠… Ⅲ. ①犬—驯养 Ⅳ.
①S829.2

中国版本图书馆 CIP 数据核字（2019）第 156049 号

责任编辑：李 丽　　　　加工编辑：孙高洁　　　　装帧设计：芊晨文化
责任校对：张雨彤　　　　美术编辑：尹琳琳

出版发行：化学工业出版社（北京市东城区青年湖南街13号　邮政编码100011）
印　　装：大厂聚鑫印刷有限责任公司
889mm×1194mm 1/32 印张 11¼ 字数175千字　2020年1月北京第1版第1次印刷

购书咨询：010-64518888　　　　　　　　售后服务：010-64518899
网　址：http://www.cip.com.cn
凡购买本书，如有缺损质量问题，本社销售中心负责调换。

定　价：69.00元

编委会名单

前　言

狗是由狼驯化来的，发展至今，已经成为人类狩猎牧羊、追踪防御、看家护院以及休闲娱乐的忠实伴侣。它们有的勇猛机敏，有的憨态可掬，有的温顺可爱，有的聪明活泼，最重要的是它们对主人都无比忠诚，因此，狗一直被当作人类最忠诚的朋友。

本书根据养狗、爱狗人士的需求，全面介绍了狗狗的生活习性以及驯养狗狗的方式方法。从如何挑选认养狗狗，到狗狗的健康喂养和训练，以及狗狗疾病的预防和治疗，狗狗的日常护理、狗狗心理和生理密码解读等，可谓信息量大、涵盖面广，让养狗再无后顾之忧。

养狗之前，我们首先需要认真考虑一下一只什么样的狗狗才是最适合自己的。目前，已知的狗狗品种多达四五百种，广泛分布于世界各地。按体型分有小型犬、中型犬、大型犬、超小型犬和超大型犬，如金毛属于大型犬，京巴就属于小型犬；按用途分有牧羊犬、警犬、宠物犬等。另外，还要考虑狗狗是纯种还是混血，是长毛还是短毛，是公还是母等。不同品种的犬，具有不同的外貌特征和性格特点，这些内容读者都可以在本书内找到。另外，关于狗狗的获取渠道，书中也做了详细说明，我们可以通过领养幼犬、收养流浪狗以及到宠物店购买、网上认养等方式得到自己心仪的狗狗。

养狗是一门学问，人们需要了解狗的生活习惯、性格特点、行为特征以及健康喂养、疾病预防、日常洗护等相关常识。同时，养狗又是一个过程，从幼犬的喂养和陪护到成年犬的繁育，再到老犬的照顾，都需要主人的参与才能完成。我们需要给狗狗创造一个良好舒适的环境，需要配备养狗的基本用具，了解如何喂养狗狗，有哪些技巧和禁忌，还要牢记要定期给狗狗体检和打疫苗等。

为了能和狗狗快乐和谐地相处，我们务必要学习一些狗狗训练方面的知识。相较于猫咪来说，狗狗的驯化程度要高出很多。狗狗很通人性，乐于和主人相处，而且大多数很聪明，只要我们勤加训练，完全可以将狗狗训练得听话、可爱、讨人喜欢。如我们可以训练狗狗帮主人拿东西，培养它良好的进食习惯以及养成在固定地点排便的习惯，还可以训练狗狗使其可以安全乘车以及保持安静，按照指令坐卧、跳跃、行走等技能。

都说狗狗是四条腿的"人"，它们和人类一样，有感情需求，渴望和人类成为朋友。这就要求我们要正确解读狗狗的肢体语言表达方式，狗狗通过摇尾巴、舔鼻子、爬跨、犬吠等动作，向我们传递着或高兴、或警惕、或愤怒的信号，了解了这些，我们便能和狗狗更顺畅地沟通和相处。

狗狗对于人类，不仅仅是狩猎、看家的需要，它们热情开朗的性情、矢志不渝的忠诚，更给了孤独寂寞以及高压下的人们最好的精神慰藉。希望这本《选狗养狗全攻略》在您养狗前、养狗后都能给您提供足够的帮助，如有不足之处，还望广大读者朋友谅解！

宠物图书编委会

2019 年 6 月

目 录

导读 1 认识狗的身体 ＋ 狗的寿命与人类对比

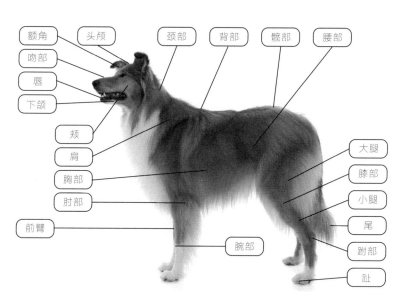

额角　头颅　颈部　背部　髋部　腰部

吻部

唇

下颌

颊

肩

胸部

肘部

前臂

腕部

大腿

膝部

小腿

尾

跗部

趾

粗毛柯利牧羊犬的身体结构图

1. 犬的身体结构

犬的身体结构与它的祖先——原古灰狼的构造类似,可以分为三部分, 前躯、中段、后躯, 它们构成了一个和谐的整体。

2. 犬的寿命

狗狗的寿命与品种、体型、性别、饲养条件、运动等因素有关。一般来说, 杂种狗的寿命比纯种狗长, 小型狗的寿命比大型狗长, 公狗的寿命比母狗长, 饲养在室内的狗的寿命比室外的长, 适度运动的狗的寿命较长。小型狗的平均寿命是12~15岁, 大型狗的平均寿命是9~12岁。一般2~5岁是狗狗的青壮年时期, 7岁以后开始衰老。藏獒是长寿的狗狗, 它的寿命可达20年以上, 而正常狗狗的寿命只有10~15年。表1为狗和人类的年龄对应表。

表 1 狗和人类的年龄对应表

狗的年龄	人的年龄
1个月	1岁
2个月	3岁
3个月	5岁
6个月	9岁
8个月	11岁
9个月	13岁
1岁	18岁
1岁半	20岁
2岁	23岁
3岁	28岁
4岁	32岁
5岁	36岁
6岁	40岁
7岁	45岁
8岁	50岁
9岁	55岁
10岁	60岁
11岁	63岁

续表

狗的年龄	人的年龄
12 岁	67 岁
13 岁	71 岁
14 岁	75 岁
15 岁	79 岁
16 岁	84 岁
17 岁	88 岁
18 岁	93 岁
19 岁	98 岁
20 岁	103 岁

导读2 犬科谱系图

狗、狼、豺、狐狸等都是犬科动物。它们善于快速及长距离奔跑，喜欢追逐猎食，大部分食肉，以食草动物及啮齿动物等为食；有些食腐肉、植物或杂食。

狗，也称家犬，是人类最早驯养的家畜之一。

犬科是食肉目中分布最广泛的一科，除了少数岛屿、南极洲外，几乎遍及陆生食肉类动物的全部分布范围。

犬科动物习惯群居生活，阶级意识浓烈，团队性强，对团队非常忠诚。

1. 灰狼

灰狼是与狗的基因最为接近的犬科动物（右图为灰狼）。

2. 郊狼

郊狼是灰狼的近亲，是美洲分布最广泛的一种犬科动物，适应能力极强（下图为郊狼）。

3. 胡狼

胡狼常被误认为豺。一

对胡狼通常占有一块领地，一生都很少改变（下图为胡狼）。

4. 埃塞俄比亚狼

埃塞俄比亚狼是非洲唯一的一种野生狼，是灰狼和

犬科血缘追溯关系图

狐狸　　　　埃塞俄比亚狼　　　　金毛胡狼

犬科谱系图

草原狼的近亲，数量稀少（下图为埃塞俄比亚狼）。

5. 狐狸

狐狸也是犬科动物（右上图为狐狸）。

6. 狗

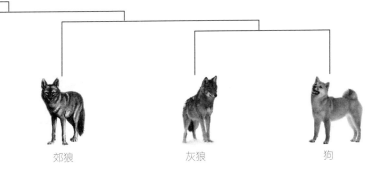

郊狼　　　　　灰狼　　　　　狗

导读3 犬类的被毛

犬的被毛对狗狗来说有着重要的作用,不但可以保护狗狗免受不良环境的刺激,也可以维持狗狗体温恒定。绝大多数犬种都有双层被毛,里层被毛和外层被毛。通常里层被毛浓密柔软,随季节变换而脱落,起保温作用;外层被毛是构成毛色的主要部位,毛长而粗。根据被毛长短及形态的不同,狗狗主要分为无毛犬、长直毛犬、短毛犬、卷毛犬、线绒毛犬和蓬毛犬。

1. 无毛犬

并非完全无毛,只是被毛仅在头部、四肢下部、尾部等处有,如墨西哥无毛犬、中国冠毛犬(右图所示)、秘鲁无毛犬等。

2. 长直毛犬

　　被毛浓密、光滑有光泽，长长的毛发可以直垂到地上，如阿富汗猎犬（下图所示）、马尔济斯犬等。

4. 卷毛犬

　　毛发卷曲、蓬松而浓密，长而呈波浪状，如贵宾犬、卷毛比熊犬、可卡犬（下图为美国可卡犬）等。

3. 短毛犬

　　致密的短毛紧贴身体皮肤，直立而柔顺。如沙皮犬（右上图所示）等。

5. 线绒毛犬

身体覆盖有绳索状的厚厚被毛，如灯芯绒贵妇犬、可蒙犬（下图所示）等。

6. 蓬毛犬

毛发浓密而蓬松，底层被毛像棉花，外层毛发较粗，成针状，如博美犬（下图所示）、京巴犬等。

导读4 解读狗的表情

直视对方	直视是即将攻击的表示，但对于熟悉的人，是亲密的讯号
移开视线，避免四目相对	移开视线是不安，表示服从、退让、不想攻击
不断眨眼睛	闪避对方的攻击，表示自己没有敌意

续表

耳朵直立放松，嘴巴闭着	心情悠闲，就像人类微笑
耳朵稍往前倾，嘴巴稍微开着	好奇驱动，被吸引
耳朵往后贴，嘴巴稳稳地开着	碰到喜欢的人表达善意，有时候会眨眼睛
耳朵往后缩，嘴巴稍微开着	紧张不安，对四周表示警戒
耳朵往前倾，嘴巴打开呈 ◯ 字形	发出攻击信号，严重时会竖起背上的毛
耳朵往后倒，牙齿完全露出来	害怕，防御状态，警告对方：再靠近就攻击

导读5『名』犬赏鉴

	秋田犬 　　日本国犬，家庭宠物犬，因"忠犬八公"闻名于世，勇猛忠诚、聪明敏锐		**阿拉斯加雪橇犬** 　　最古老的极地雪橇犬之一，肌肉结实有力，具有安静高雅的气质
	金毛寻回犬 　　身体匀称、有力，擅游泳；热情友善、聪明机警		**喜乐蒂牧羊犬** 　　原产苏格兰，主要分布于英国和北美，耐寒、体力好、忠诚、聪明，在日本备受欢迎
	拉布拉多寻回犬 　　中大型寻回犬、导盲犬、警犬，加拿大名犬，个性友善忠诚、聪明活泼		**贵宾犬** 　　又称贵妇犬、卷毛狗，法国国犬，性情自信优雅、聪明活泼、极易近人

续表

	**沙皮犬** 中小型的獒种犬，产于中国东南沿海一带，个性看似忧郁，实则开朗活泼、顽皮好斗		**吉娃娃犬** 世界著名袖珍犬，原产于墨西哥，聪明真诚、小巧玲珑、工适合做伴侣犬
	雪纳瑞犬 德国小型宠物犬，聪明活泼、精力充沛。被毛长，适合做各种造型		**西施犬** 源于西藏小型犬，被毛较长，需要经常梳理,性情友好、多情、开朗
	德国牧羊犬 又名德国黑背，体型高大威猛，聪明机警，适合做警犬、导盲犬、牧羊犬以及宠物犬等		**柴犬** 又名丛林犬，古老的日本猎犬，比秋田犬体型小，脸部稍圆，聪明忠厚，对运动量要求较大
	斗牛犬 原属英国最具战斗力的犬种之一，现以外表凶猛、内心善良稳定的宠物犬居多		**西伯利亚哈士奇犬** 又名哈士奇、二哈，属西伯利亚原始古老犬种，性情温顺，以好拆家、易走丢著称
	北京犬 又名京八、狮子狗，中国古老的犬种，外表优雅精致，个性聪明活泼，表现欲强		**杜宾犬** 属军、警两用犬，原产德国，身体结构精致匀称，极富智慧，警觉度高，具有高贵的气质

ONE

养狗，你准备好了吗

一、认识犬类

　　犬是人类最好的朋友，它与人类的关系非常密切，可追溯到遥远的古代。作为第一种被人类驯化的动物，它首先是食物，后来转变为人们狩猎、看家护院的帮手，又在现代被训练成危险物品"检验员"、太空探险助手以及帮助警察捉拿逃犯和帮助盲人的工作犬等，可以说犬的出现极大地改变了人类的生活方式。如果想驯养一只宠物犬，那么我们有必要了解一下犬的起源和物种演化。

（一）进化与驯化

犬类的进化

犬的外表各不相同，这会让人们有一个错觉：是否不同种类的犬有不同的起源？但科学研究表明，尽管贵宾犬和德国牧羊犬从外表上看完全不同，但它们却有着共同的祖先。

遗传学表明，全世界任何品种的犬都与野生灰狼具有几乎相同的遗传基因，即它们的祖先是原古灰狼。

大自然中如此多的动物，为什么是犬最早被驯化呢？这也许与人们的生活方式有关。早期，人们还没有驯化其他家畜，还没有学会放牧，人们通过狩猎、采集获取食物。人类最初养原古灰狼的目的是屠杀它作为食物，慢慢地，人们发现原古灰狼嗅觉灵敏、忠实善战、可以帮助人们狩猎，人类开始有意识、有目的地对其进行驯养。对于原古灰狼来说，它除了能得到人的保护外，重要的是能得到稳定的食物来源。另外，原古灰狼属于杂食性动物，食性容易被满足，同时体型大小适中，脾性也容易被驱使。这些特点使犬最终成为了人类的帮手，随着人类生活实践的发展，犬的用途会越来越广泛。

野性与驯化

在一些艺术作品中可以看出，在中世纪以前，犬依然被视为危险和有攻击性的动物。

后来，人们开始对犬的肤色、皮毛、脾气、技能等方面进行精心培育，最终繁育出体型繁多、大小各异的犬种。一些犬种特性被淘汰，一些则被固定为培养标准。一些犬种性格外向、爱出风头，一些犬种则比较顺从，不管哪种类型的犬，通过采用不同的训练方法，都需要把它从野蛮的状态驯化得比较温顺，让它按照人类的意愿行事。通过驯化，它们会改变许多本来的生活习性，从而变得更加适应人类的生活。

（二）犬的生理特征

犬，亦称狗，在中国，与马、牛、羊、猪、鸡并称"六畜"。人们认为，狗天性忠贞，是人类最好的伙伴和朋友，也是最好的宠物。想要驯养一只宠物狗，最好要了解犬类的生理构造和行为特征，这样更有利于饲养自己的狗狗。

身体构造

从生物学特征上看，犬属哺乳纲、食肉目、犬科。天性喜欢亲近人类，容易被驯养，能够领会人类的简单意图，通过训练能很好地服从人类命令。犬对生存场所有要求，需要一定的活动范围，习惯啃咬肉和骨头，但随着长期在人类家庭中生存，逐渐变得偏向杂食或素食，但为了生长得更健康，还是需要摄食一定的动物蛋白质与脂肪。

犬的身体由下列几部分组成：头部、颈部、躯干、四肢、尾部。从骨骼看，犬的骨骼分为中轴骨骼（躯干和头骨）和四肢骨骼（前肢骨骼和后肢骨骼）。头骨的形态差别很大，有的犬头骨狭长，有的则宽而短。

犬的肌肉附着在骨头和关节处，通过收缩与伸张，身体能够进行各种运动。通常野犬比家犬肌肉发达，更有力量和耐力。犬类的骨骼与肌肉结构决定了犬更适合长途追逐与耐力比拼，但在跳跃和攀爬上远不如它的竞争对手"猫"。

犬的胃较小，容量只有人胃的一半，肠道较短。

犬每年春秋发情，发情后需 2～4 天交配，性周期平均 180（126～240）天，妊娠期 60（58～63）天，哺乳期 60 天，每胎孕育 2～8 只幼崽。正常情况下，犬的寿命在 10～15 年，最长可达 20 年以上。

眼睛

犬的视觉不发达，视力比较差，但对远距离的动态目标极为敏感。犬的视野并不开阔，每只眼睛有单独的视野，对前方的物体最容易看清楚，为了要看两边的东西使得它必须经常转动头部。不过，犬的暗视力比较出众，即使光线微弱，也能看清目标。

犬是色盲，眼睛中的色彩感知细胞极少，它能分辨亮度的强弱，但很难分辨色彩的变化。即使是导盲犬，实际上也是通过红绿信号灯的光亮度差别来区别信号的。犬能够辨别灰色的浓淡，借此分辨物体的明暗，从而建立立体的视觉形象。

牙齿

我们可以通过犬的牙齿状况来判断犬的年龄。不同年龄的犬，牙齿的生长、齿峰的磨损、锐钝以及颜色都不相同。成年犬的牙齿包括门齿上下各 6 颗、犬齿上下各 2 颗、前臼齿上下各 8 颗、后臼齿（上颚 4 颗，下颚 6 颗）共计 42 颗，而幼年犬只有 28 颗乳齿。犬换牙前的乳牙很小很薄，但是十分锋利，这也是为什么小狗更容易把人的皮肤咬破的原因。犬的牙齿善于撕裂食物，门齿用于切断食物，它的臼齿善于磨碎食物，切齿用于把食物切成小块。

舌头

犬的舌头是辨别味道的主要器官。与人类相比，犬的味蕾要少很多，人类有近 10000 个味蕾，犬的味蕾约有 1700 个。不过，它们有专门辨别水和脂肪的味蕾。当需要喂狗狗吃药时，可以将药混入糖水，这样狗狗更容易接受。

犬的舌头也可以调节体温，尤其是夏天天气炎热的时候，我们会经常看到它们伸着舌头、喘着粗气来调节体温。这是因为犬的汗腺散热功能不发达，它不能像人一样通过大量出汗调节体温。当天气炎热时，舌头是它的散热器官之一，它可以通过加快呼吸频率，把舌头伸出口腔外，通过急速喘气来散发湿热的气体，降低体温。

一般来说，狗的正常体温在 39℃左右，心率为 80～120 次每分钟。

头型

将所有犬种的头型经过比对后可以发现，这些头型都属于三种基本头型的变异，即长头型、中间头型、短头型。大多数犬的头型长宽比例适度，属于中间头型，如德国指示犬和拉布拉多寻回犬（图1-1）。如果形状窄长，几乎看不到头盖骨与鼻梁的连线，属于长头型，如粗毛柯利牧羊犬（图1-2）。如果长度短而基底宽大，则属于短头型，如斗牛犬、巴哥犬（图1-3）等。

图1-2　长头型（粗毛柯利牧羊犬）

图1-3　短头型（巴哥犬）

图1-1　中间头型
（拉布拉多寻回犬）

耳型

不同种类犬的耳朵的长度、大小和在头部的位置不同，甚至耳朵耷拉下来的方式也不同，大致可以将犬的耳型分为以下十种。

1. 半竖耳

耳朵大部分处于直立状态，但顶端有一小部分向前折叠，这样耳型的狗狗有喜乐蒂牧羊犬（图1-4）、边境牧羊犬。

图1-5　竖耳
（阿拉斯加雪橇犬）

图1-4　半竖耳（喜乐蒂牧羊犬）

2. 竖耳

这样的耳朵整体不大，顶部稍尖，呈警觉直立状态，向上竖起。常见狗狗有德国牧羊犬、哈士奇、阿拉斯加雪橇犬（图1-5）等。

3. 尴尬耳

狗狗生长过程中可能存在尴尬期。平时生活中，有时会看到有的狗狗的耳朵一只竖起来，另一只半竖，看上去确实很尴尬，真是很神奇啊。

4. 纽扣耳

纽扣耳是顶端折叠向前垂下、贴近头部的小耳朵，形成"V"字形。常见狗狗有杰克罗素梗、硬毛猎狐梗犬（图1-6）。

图1-6　纽扣耳（硬毛猎狐梗犬）

5. 钝尖耳

耳朵顶端呈圆形，不尖，也叫圆顶。常见品种有法国斗牛犬（图1-7）。

图1-7　钝尖耳（法国斗牛犬）

6. 剪耳

这是一种为了提高观赏

性而对狗狗进行手术后形成的耳型。通过兽医对狗狗耳朵剪裁，再捆绑支撑，一段时间后使耳朵达到笔直状态的手术后耳型。这种行为已经在十几年前被很多欧洲国家禁止。常见狗狗剪耳品种有大丹犬、杜宾犬。

7. 玫瑰耳

折叠向后的小耳朵，常见品种有英格兰斗牛犬、惠比特犬（图1-8）、灵缇犬。

图1-8　玫瑰耳（惠比特犬）

8. 蝙蝠耳

大耳朵位于头部两侧，呈竖直状态，两耳间距较大，跟头部大小呈一定比例。常见品种有吉娃娃犬（图1-9）、柯基犬。

图1-9　蝙蝠耳（吉娃娃犬）

9. 连帽耳

直立饱满的小耳朵，耳郭向内弯曲。常见品种有巴辛吉犬（图1-10）。

图1-10　连帽耳（巴辛吉犬）

10. 蜡烛火焰耳

耳朵的颜色和形状如同蜡烛的火焰一般，所以得名。常见品种有曼彻斯特玩具梗犬（图1-11）。

图1-11　蜡烛火焰耳（曼彻斯特玩具梗犬）

尾巴

犬类的尾巴是比较敏感的部位，虽然它常常通过尾巴来表达心情，甚至追咬自己的尾巴，但若尾巴被人大力拉扯，就会增加狗狗的戒备。这与犬类的身体构造有关。犬的尾巴由 23 块椎骨构成，从根部一直延伸到尾尖逐渐变小，不但由肌肉包裹，还分布着大量的血管和神经。重要的是，尾巴是脊柱的一部分。

有些品种天生尾巴短，还有些特别品种需要在幼年期断尾，因此有些人就以为尾巴并不重要。实际上，无论犬的尾巴有多短，拉扯尾巴的行为都会对狗造成终身性的严重损伤。

在日常活动中，尾巴是保持平衡的关键。尾巴受伤的狗狗，就会在奔跑、转身、跳跃时出现问题。对于某些爱游泳的狗狗来说，尾巴失去灵活，将影响它对方向的把控，它也将失去对游泳的兴趣。

在群体中，如果尾巴受伤，那么狗狗将失去原有的地位，无法证明自己的实力，甚至无法表明自己的身份，因为尾部肌肉收缩是分泌代表身份的气味的关键动作。

爪子

很多人认为犬类的脚爪都是一样的，这是一种错误观点。爪子是犬类最容易被忽视的部分，需要注意的是，不同种类的犬有着不同类型的脚爪。

有的狗爪子比较圆，拱

起，四个脚趾紧抱，看上去类似猫爪，这被称为"猫型爪"（图1-12），如卷毛比熊犬、松狮犬、迷你雪纳瑞犬、秋田犬、柴犬、杜宾犬等。

图1-12　猫型爪

有些狗狗中间的脚趾格外突出，更像兔子脚，因

图1-13　兔型爪

此被称为"兔型爪"（图1-13），如西藏猎犬、贝灵顿犬、斯凯犬、萨摩耶犬、惠比特犬等。

还有一些比较特别的犬种，它们的脚趾间甚至如同水生动物一样长着脚蹼，所以非常适合游泳，如德国刚毛波音达犬、葡萄牙水猎犬。还有的犬种，脚趾和脚垫间往往生长着浓密的毛发，脚掌显得格外大而厚，如阿拉斯加雪橇犬等。

不同类型的脚爪体现了犬类生长环境的不同，也反映出人们对犬类的工作要求，还有审美的变化。

另外，狗狗的趾甲是需要修剪的，否则趾甲断裂带来的伤害会让狗狗痛苦不堪。

敏感的肉垫可以帮助狗狗感知地面温度，感知地面的平坦程度，对掌握平衡有很大的作用。很多狗狗并不愿意被碰触爪子，如果出于对主人的信任，狗狗愿意被主人摸爪子，但有一天忽然变得十分抗拒，那么很有可能是爪子受伤了。

被毛

犬的被毛主要用来保护犬免受外界不良环境的影响，同时也有保持犬的体温恒定的重要作用。被毛的颜色、长度、质地和厚度是犬的重要特点，华丽的被毛更是玩赏犬的第二生命。狗狗的被毛常见的有以下几种。

1. 短被毛

柔软、防水的被毛紧贴在皮肤上面，浓密、平直的被毛覆盖在上面。短被毛一周梳理一次即可。如柯基犬（图1-14）。

图1-14　短被毛（柯基犬）

2. 长被毛

一般由双层被毛构成，上层被毛垂直、粗糙，底层绒毛浓密。长被毛需要每天梳理并定期修剪。如拉萨犬。

3. 丝毛

被毛浓厚，需要很多护理，最好每天梳理，并且定期修剪。如阿富汗猎犬（图1-15）。

图1-15　丝毛（阿富汗猎犬）

4. 卷被毛

这种被毛卷曲、不易脱落，且防水。一般每月洗一次澡，定期修剪。如爱尔兰水猎犬和贵宾犬（图1-16）。

图1-16　卷被毛（贵宾犬）

5. 光滑被毛

光滑的被毛很短又很稀疏，梳理很容易，但容易掉毛，最好每天刷洗。同时对狗狗来说御寒与保护作用很小。如杜宾犬（图1-17）。

图1-17　光滑被毛（杜宾犬）

6. 金丝被毛

被毛硬而浓密，不会换毛，需要每天梳理。这种被毛不能用吹风机吹，否则会使被毛变软。如万能梗犬（图1-18）。

图1-18　金丝被毛（万能梗犬）

毛色

世界上找不到两条完全相同的狗狗，即使是一胎生的两只狗狗，形态一样，但它的毛发颜色也会有多处不同。

狗狗的毛色是由毛发内的色素及色素的分散方式决定的。当色素分布密集时，毛呈深色；当色素分布松散时，毛色鲜艳。当黑色素分散时，毛一般呈灰色；当黑色素缺乏时则毛呈黄色。

一般来说，犬的被毛颜色可以分为巧克力色、奶油色、黑貂色、小麦色、金色、黄色、灰色、杏黄色、三色、杂色、小丑色、纯白色、混合色、黑色、黑黄间杂、浅黄褐色、蓝色、贝尔顿色、胡椒色、红色、红白色、猪肝色等。

狗狗 6 个月大的时候，胎毛会脱落，变成正常的被毛。六七岁后，狗狗嘴的周围会长出白胡须，背部等部位会长出白色毛发，犬毛也会变得暗淡和稀疏。这是年老的标志之一。

浅色被毛有可能会被晒伤，尤其是耳朵、鼻子等部位。

（三）狗的习性

狗是人类的朋友，越来越多的家庭选择饲养狗，但并不是所有人都了解狗的习性，在我们把狗看作是家庭的一分子时，了解狗的习性就非常重要。不同品种的狗性格不同，即使同品种的狗，性别不同，狗的性格也有差异。有的狗狗聪明、活泼；有的狗狗顺从、文静；有的狗狗喜欢争斗；有的狗狗胆小、懦弱。只有准确地了解狗狗的性格，我们才能更好地喂养和训练狗狗。

食肉本能

犬属于肉食动物，它的胃呈歪梨形，胃液中盐酸的含量为 0.4%～0.6%，在家畜中属第一位。犬对蛋白质的消化能力很强，这是食肉习性的基础。犬在食后 4～7 小时就可以将胃中的食物全部排空，犬的消化、排泄要比食草动物快得多。

狗狗的肠管也很短，一般只有体长的 3~4 倍，而同样是单胃的马、兔等动物的肠管是体长的 12 倍。狗狗的肠壁很厚，吸收能力强，这也是典型的食肉动物的特征。狗的肝脏比较大，约是体重的 3%，有消化脂肪和解毒的功能。

尽管经过长期的家养后，狗狗可以变为杂食或素食，但它仍然是肉食动物。所以在喂养时，需要在饲料中加一些动物蛋白和脂肪，辅以素食成分，以保证狗狗的正常发育和拥有健康的体魄。

如果主人习惯喂食狗粮，可选用高蛋白狗粮，它的标准是蛋白占比达到 30% 以上，且为肉蛋白，在满足狗狗成长所需的40 多种营养元素之外，有的狗粮还添加了去除泪痕、增强免疫的功能物质。

狼吞虎咽

很多人看到狗狗吃东西时都是狼吞虎咽，不怎么咀嚼就咽下去了。这是因为狗的祖先在群居生活时，进食都需要靠抢，吃得慢就会挨饿，导致狗狗的消化能力都很强，即使不咀嚼或咀嚼不充分，也能够完全消化。当被人类驯化后，它强韧的胃袋依然保留了下来。由于快速吞食会促使唾液旺盛分泌，所以也会看到狗狗常常流口水。

尽管狗狗的胃很强大，也仍然需要准备一些肠胃调节剂，帮助狗狗消化。平时可以有意识地让狗狗多嚼一会儿，养成咀嚼的好习惯。如果主人想要喂粗纤维的蔬菜，最好把蔬菜切碎或煮熟。

啃咬

狗狗喜欢啃咬，玩具没几分钟就会被"肢解"，是什么原因让狗狗变成家里的破坏王呢？

1. 发情

狗狗如果进入发情阶段，就会出现奇怪的举止，如吠叫、长嚎。也可能无故对周围的人起疑心，为了保护自己，就做出啃咬的动作以示警告。这都是正常反应。

2. 处于换牙期

狗狗的牙床发痒使它想要通过啃咬东西来缓解生理不适。如果狗狗正处于换牙期，主人可以为狗狗准备一些骨头或其他磨牙的食品以帮助它磨牙。

3. 为引起主人的注意

当没有人陪伴或玩耍的时候，狗狗会感到很孤独或无聊，所以通过啃咬来引起主人的注意。

4. 好奇心使然

如狗狗啃咬鞋子，可能是狗狗好奇心作怪，把鞋子当成了玩伴，它会像吃东西一样啃咬鞋子。

5. 缺乏安全感

有的狗狗喜欢主人的味道，这种味道对狗狗来说是熟悉的、亲切的，如果某个物品上沾有这种味道，狗狗就会啃咬这个物品。这种情况下，主人适当教育就可以了，千万不要打狗狗，因为它不是故意搞破坏，而是对主人的一切都很感兴趣。

6. 遗传

由于狗狗的祖先就有撕咬猎物的习惯，因此可能是遗传。

7. 狂犬病

狂犬病的症状之一就是狗狗暴躁并且有啃咬、惊恐、嚎叫、怕风、怕水等症状，一定要谨慎处理，因为狂犬病只能预防不能治疗。

排便行为

当狗狗外出散步漫游的时候，我们常常会发现，狗狗会不断地选择一些树根或者墙角来排泄粪便。有时候是小便，有时候会蹲下来大便，总之，走一路，便一路，让人感觉很不文明。

其实，狗狗排便除了是正常的生理需要外，还是标记路线的重要方式。狗狗通过嗅闻这些排泄物，就能很快找到回家的路，这些粪便成了狗狗回家的重要线索。同时，狗狗排便也是标记领地、防止其他狗狗入侵的一种行为。狗狗在排便的时候，肛门腺会同时分泌一种特殊的物质，它能使狗狗的粪便具有一种特殊气味，当其他狗狗闻到这股气味的时候就会自觉走开，以免发生冲突。

对于成年狗狗来说，主人可以训练它有规律地排便。而对于幼犬来说，因为其无法理解什么是"清洁"，所以很可能不能自主地在固定场所排便，这让主人们感到有些头疼。可是如果强行训练幼犬规律排便，非但达不到效果，还可能出现幼犬对主人的信任危机。一般来说，狗狗 3~6 个月大的时候适合进行排便训练。

吐出有毒食物

狗狗如果吃进了有毒的食物，会引起呕吐反应，会把有毒的食物吐出来。这是狗狗独特的自我防御能力的体现。犬类能自我应对低毒性的食物中毒，但如果误食高毒性的化学毒素如灭鼠药，还是要尽快送医治疗。

不能被摸屁股、头顶和尾巴

狗狗的颈部、背部喜欢被人抚摸，但头部最好不要碰，因为这会让它感觉到压抑和眩晕。另外，屁股和尾巴也不要摸。狗常常根据自己视线的高度来判断对手的强弱。高高在上的陌生人会带来压迫感，如果采用低姿势蹲下来，狗狗便会接受陌生人。

吃屎

狗的恶习之一就是吃屎，俗话说"狗改不了吃屎"，它不但吃人屎，也吃狗屎。这个恶习需要主人不断地纠正。这种行为有如下几种原因：

1. 母性行为

母犬生完小狗狗后，会舔小狗生殖器和肛门的地方，一是刺激小狗排泄大小便，二是可以防止味道外泄，避免其他动物的捕猎，属于正常的母性行为。

2. 模仿行为

狗狗看到其他狗狗吃大便也学着吃，这属于模仿行为。

3. 不适当的处罚

狗狗大小便，或乱咬破坏东西后受到主人体罚，引起狗狗的恐惧心理，所以大便后会因害怕被主人处罚就把粪便吃掉，销毁证据。

4. 取代行为

狗吃大便是一种天性。在进化过程中当生活条件恶劣时，狗狗吃不饱，就会吃大便来填饱肚子，因为粪便里有一些未完全消化的食物。另外，对草食性动物的发酵排泄物，狗狗非常感兴趣，当吃不到这样的排泄物时就吃自己的或用其他大便取代。

5. 身体性原因

狗狗因为营养不均衡或有内科疾病时，会吃大便。患内科疾病的原因常见的有胰腺外分泌不足、胃肠道寄生虫、胃肠道内细菌过度生长、发炎性肠管疾病、巨食道症或食道狭窄、饮食不平衡、食用了不当药物、甲状腺功能亢进、糖尿病、胰脏炎等。

6. 为引起主人的注意

主人惩罚狗狗的行为，反而使它觉得得到了关注。等病好了，仍然会吃，只为得到主人的注意。

7. 阶级霸权的行为

有时，低阶层的狗在团体中可能要吃高一阶层狗的大便以表示臣服。

保护右侧

狗与生俱来的本能之一就是保护右侧，因为它的弱点在右边，它会为保护自己的右侧来调整动作。当遇到危险的时候，它会让自己的右边尽量靠近墙壁或者其他能保护它身体右侧的东西，而将自己的左侧展现出来面向敌人。狗狗是非常害怕身体右侧受到伤害的。

舔嘴

狗狗喜欢舔嘴，也是常见的习性之一。养过狗的主人都知道，狗狗经常舔嘴巴，特别是在将要进食的时候，最喜欢舔嘴巴了，它是在告诉主人，它想吃东西了。不过，狗狗除了嘴馋的时候会舔嘴巴外，还有很多情况也会舔自己的嘴巴。狗狗舔嘴巴主要原因如下。

1. 想吃东西

当狗狗看到食物想吃的时候，就会分泌大量唾液，然后就会出现不停地舔嘴巴的现象，以免馋得口水掉下来。狗的祖先在捕猎后会把食物带回巢穴喂食幼崽，这是一种本能。有的狗喜欢舔主人的嘴，这和人类的吻是不同的，它只是想看看主人带给它什么好吃的。

2. 害怕行为

据权威宠物训练师介绍，当狗狗感到紧张害怕的时候，舌头就会拍打嘴唇上面，这是在安抚自己紧张害怕的情绪。如果它还表现出打哈欠、摇头等动作，那么我们就可以判断出狗狗正处于紧张害怕的情绪之中。当你训斥狗狗的时候，不妨观察一下，如果狗狗出现这种情绪反应，就要冷静一下，缓解一下狗狗有些紧张的情绪了。

3. 焦虑反应

根据相关资料显示，当狗狗与主人分离过长时间的时候，狗狗舔嘴唇的频率会明显增多，这是狗狗因为与主人分离而产生焦虑的表现，狗狗以此来安慰自己。

4. 身体不适反应

当狗狗身体感到不舒服的时候，就会不停地舔嘴唇并且分泌大量的口水，这时候狗狗主人就要特别注意狗狗的身体情况，如果狗狗懈怠、懒得动弹，就要及时带狗狗去找宠物医生检查诊治了。

5. 安抚其他狗狗

　　狗狗之间除了用叫声来传递信息之外，还会通过舔嘴巴这种身体语言来进行交流。当一只狗狗舔另一只狗狗的嘴巴时，就表示它在安抚另一只狗狗的情绪，希望它尽快冷静下来，不要太暴躁！

嫉妒心

　　狗的嫉妒心是很强的，嫉妒是狗狗心理活动中最为明显的感情。当主人把注意力放在其他宠物身上，忽视了对它的关心和照顾时，它可能会很愤怒，不遵守已养成的生活习惯，变得非常暴躁，可能具有破坏性。

　　例如家里来了一只新狗狗时，两只狗狗会争相在主人面前表现自己，甚至到处撒尿，尤其是在对方待过的地方撒尿，这是它担心自己在家里的地位丧失，通过这个行为来保住自己的地盘。当出现这个现象时，也许主人可以帮助力量更大的一方使它成为群体的领导，但更灵活的办法是不偏颇任何一方，而是公平地对待双方。因为嫉妒意味着伤害，意味着它们在寻求主人的认可和爱，公平地对待狗狗之间的事情，让它们自己处理好了。这样做，无论哪只狗狗受到的伤害都会更小一些。

虚荣心

狗喜欢人们称赞表扬它，它也有虚荣心，当它办了一件好事时，你的赞美和抚摸，会让它心情非常愉悦，像吃了一顿大餐一样满足。例如有的狗狗看到别的狗狗来家里玩，就会炫耀自己的玩具，一件件地把玩具全部叼出来炫耀，但是不许别的狗狗玩，因为它会一件件地再叼回窝里。它只是想说明，看主人有多爱我，进而让别的狗狗羡慕它。

害羞

犬类感情丰富，情绪变化明显，喜怒哀乐甚至通过表情变化显露出来。狗狗如果做错了事或被毛剪得太短，它就会躲在一个地方，等肚子饿了才出来，说明狗狗也知道害羞。不过当狗狗经常用爪子蹭自己的眼睛时，可能被主人认为是害羞，真相是眼里可能有寄生虫。

记忆力强

犬的记忆能力很惊人，犬对饲养过它的主人和地方，可以记忆几十年。

在记忆力方面，狗狗对于曾经和它亲密相处过的人和自己住过的地方都能有记忆！狗狗喜欢嗅闻东西，嗅闻领地记号，新的食物、毒物、粪便、尿液等等。狗狗外出漫游时，常常看到它不断地小便或蹲下大便，把它的粪便布撒路途。而它就是依靠这些"臭迹标志"行走的。

喜欢追捕

狗狗喜欢追捕小动物，如追捕兔、猫、羊等，甚至会追咬人类。人们利用狗的这种习性，让它们驱赶羊群或保护自己。

生病时会躲开群体

狗生病时，会避开人类或其他狗狗，躲到某个地方等待康复或死亡，这是一种本能，是"返祖现象"的体现。因为狗的祖先都是群居生活，如果有生病或受伤的，会被同族群其它动物杀死，一是避免整个族群受到连累，二是避免掉队后自己受罪。所以这点要引起狗主人的注意，在狗狗生病时应及时请兽医诊治。

智力发达

在动物中，犬类智力发达是很有名的，它被称为最聪明的宠物。犬的主人常常能发现，它们能够理解人类的很多语言、表情、手势，因而偶尔会做出让人吃惊的事情。

科学研究表明，犬类的智商与种类有关。有些犬种智力超群，甚至能记住一百到二百的单词，算术水平相当于 3 ~ 4 岁的幼童。其中边境牧羊犬最为出众，通过一定的训练，它的智商可以达到 8 岁儿童的水平。

另外，在与犬类相处的过程中，也常常看到犬"解决问题"的能力，如寻找最优路线、操作门锁以及使用简单的器械，它们有时也会有喜欢和愤怒的表情。

忠于主人

犬会在与主人的相处中建立起深厚而纯朴的感情。这种忠诚不会因为主人一时的训斥或鞭打而改变，它不会逃走，也不会因为环境恶劣而离开主人，它对主人有强烈的服从精神和保护意识。这种忠贞也是人类将犬驯养为家畜的最主要的原因。

究其根本，犬类忠诚主要出自两方面的原因：一是对母亲的依恋；二是对群体领袖的服从。也就是说，狗对主人的忠诚，实际是狗对母亲或群体领袖忠诚的一种转移。

狗仗人势

在很多人眼里，形容狗的词语是"忠诚、友善"，但也有一个词叫作"狗仗人势"。狗与人一样，也会做坏事，有着明显的复仇心理。它会将对自己有恶意的对象牢记在大脑里，抓住机会进行报复，即使面对同类，也不会嘴软，往往趁着主人在身旁、对方生病或受伤虚弱的时候展开行动，愤怒地咬上几口。因此，主人对于会引起狗狗强烈心理反应的东西应注意避免狗狗接近，以免发生不必要的意外。

嗅觉发达

犬的嗅觉功能比人高出许多，原因在于犬的鼻腔上部有嗅觉黏膜，黏膜上又有许多皱褶，面积是人类的四倍，嗅黏膜内的嗅细胞数量是人类的四十倍，这就大大扩大了与气味物质的接触面积。当气味物质伴随空气到达嗅黏膜时，嗅细胞产生兴奋，然后传导给嗅神经中枢，产生嗅觉。

犬类拥有强大的嗅觉系统，能够在大量的气味中嗅出特定的某一种味道，经过训练的警犬能够辨别出十万种以上不同的气味。有的大型犬可以被用于搜索猎物、追踪犯人等。

对于犬类来说，嗅觉可以帮助它们鉴别同类的性别，识别自己的幼崽、认路、辨认方位、追踪猎物等。一般来说，健康的犬鼻尖看上去滋润呈油状，用手背触碰时会感觉有凉意，这是判断其健康状况的参考指标之一，如果感觉微热，那么很可能犬已遭遇健康危机。

听觉灵敏

犬的听觉非常灵敏，犬能听到田鼠、蝙蝠等的叫声。通常人不容易听到 6 米外的低音，而犬却能听到 24 米外的低音。所以，犬在很远的地方就能听出主人的脚步声、汽车声。

犬在睡觉时依然保持警惕，能分辨半径一公里以内的大多数声音。对于人所发出的口令和简单的音节，它会通过音调、音节的变化建立条件反射，从而服从主人的命令。

味觉迟钝

犬的味觉迟钝，进食以吞和舔为主，很少咀嚼，常常食物一经入口，不细品味道就吞下肚里。细嚼慢咽并不能帮助狗狗品尝其中的滋味，嗅觉才是主导作用。所以，当给犬喂药时，不如将药物放在饲料中由犬自己吞下。

怀旧归家

犬对于自己住过的地方有着很强的记忆力，也有人说它是靠灵敏的感官才认知地方的。但作为具有相当智力的生命，它也有自己的思想和感情。成年狗狗在换了主人后，在新环境里常常表现出闷闷不乐，对新的主人心存戒备，甚至抓住时机就会逃跑。

我们常常听到某只狗狗历经艰辛，从遥远的地方找回故主的故事，这是狗狗怀旧与恋家的体现。如果你成为它新的主人，只要用更多的精力去关心和爱护它，它终究是会给你回报的。

怕光与火

由于听觉敏感，犬类会对打雷或类似雷声的巨响表现出恐惧。它会钻进角落，狭小的空间会带给它安全感。狗比较害怕火，因此凡冒烟的东西，如划火柴、吸烟等，它都不喜欢，甚至会恐惧。

领地意识

领地意识，指狗狗表现出保护全部或部分活动范围所有权的行为。狗狗通常以撒尿的形式"标记"自己的活动范围。这种领域行为可用于警戒、护卫、看守等工作，也是狗狗能够承担起看家护院重任的主要原因。

　　了解犬的生理构造和行为特点，会对我们饲养狗狗有很大的帮助。一般来说，2～5岁是犬的壮年时期，7岁开始，犬步入衰老期，10岁开始失去生育能力。另外，杂种犬比纯种犬寿命更长，小型犬比大型犬寿命长，黑色犬比其他犬寿命长。

二、养狗需要慎重考虑

宠物依赖我们,我们也依赖宠物。对于人来说,我们今后也许会养很多宠物,但对于狗来说,主人就是它的一生。盲目养狗是一件非常可怕的事情,所以做决定前请务必考虑清楚:你需要一只什么样的狗?你希望这只狗给你带来什么?以及你能为它付出些什么。做决定的时间不妨尽量长一些,当你对别人家漂亮、威武的狗狗的羡慕之心慢慢凉下来,才能冷静地全面考虑,是否要养一只狗。这是对宠物负责,也是对生命的尊重。

你为什么需要狗?

喂养狗狗不是一件简单的事,所以我们有必要想一下,是什么驱使你有了养狗的想法。如果是因为某一只狗狗的可爱容颜打动了你，那么你就去挑选一只漂亮的狗；如果你觉得生活乏味无趣，想养一只狗陪伴你的生活，那么你需要确定自己想要一只沉稳不爱叫的狗还是欢腾活泼的狗。

当你发现住宅有些偏僻，家人居住不便，于是想养一只狗让它担负起看家护院的职责，那么就更需要选择恰当的犬种了。

或者，你想要养一只威武有震慑力的大型犬，陪你一起去野外探险，一起去户外运动，那么显然一只活泼好动的狗要比一只安静内向的狗更为适合。

明确自己的需求是很重要的，这决定着你是否愿意将来在遇到麻烦时坚持爱它。你所挑选的宠物符合你的期待，它才能在未来十多年里成为你亲密的家人和伙伴。

充足的运动量对狗很重要

长期健康状况如何与运动量有着绝对关系，对人如此，对狗也是如此。如果你的狗生活区域主要是室外，并且有足够的场地奔跑，比如 100 米^{2}以上的面积，这样的生活环境对狗来说已经足够，自然无需为狗狗的运动量不足而担忧。

一般来说，对城市内生存的宠物狗来说，按照体重可以粗略地估算它的运动量。

成犬体重 < 5 千克，那么室内活动就可以满足需求。

5 千克≤成犬体重 < 10 千克，每天应步行 15 分钟以上。

10 千克≤成犬体重 <15 千克，每天应步行 30 分钟以上。

成犬体重为 20 千克左右，每天应步行 60 分钟以上。

成犬体重≥ 25 千克，那么每天应步行 120 分钟以上。

恰当的饮食，是狗狗健康成长的关键，但能否给予狗狗恰当的运动项目与足够的运动量，才是狗狗能够长时期保持健康的重点。有的主人没有充裕的时间或者本身不爱运动，平时把狗圈在家里，只在周末或偶尔补偿性地带狗狗出去做剧烈运动，这样的做法对狗狗的身体和心理健康是很不利的。

尤其对于 8 岁以上的狗狗，缺乏运动量会引发很多疾病。如果能保持适度的运动，就可以使它全身的肌肉、韧带、关节和骨头得到锻炼，也能刺激消化道的血液循环，使消化系统运行良好，从而避免胀气、便秘以及消化不良等问题。

带着自己心爱的宠物，让狗狗跟随你的步伐，一步一步地前行，无论对狗还是对人，这都是最好的运动。如果你没有充足的时间，又养了一只大型犬，那就只能发动全家，一天数次轮流带狗外出，使遛狗成为全家共同的运动项目，未尝不是一件调节家庭氛围的美事。

值得一提的是，大型犬的运动量不一定比小型犬更多。有些大型犬适应家庭生活，沉稳安逸，而一些小型犬如㹴犬则精力充沛，活动量很大。一般来说，如果狗狗对运动量的要求是在 2 小时或以上，那么就属于对运动有较高要求的犬种；如果运动量在 1~2 小时之内，属于对运动量要求中等的犬种；如果运动量在每天 30 分钟之内，这属于对运动量要求较低的犬种（图 1-19）。

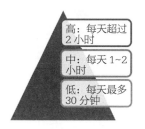

高：每天超过 2 小时

中：每天 1~2 小时

低：每天最多 30 分钟

图 1-19　狗狗对运动量的需求

居住空间是否适合

你住在城市还是乡村？你的住所是什么类型的？居住空间很大程度上决定了你应该切合实际地选择什么样的犬种。对运动量有极高要求的大型犬以及精力充沛的小型犬对居住空间的要求比较高，小公寓显然难以满足它们的成长需求。

一些喜欢吠叫的小狗会引起邻居不满，性格冲动的狗也会让周围的人对它保持警惕，如果居住环境人口密集，养这样的狗无疑会给养狗增加很大的难度。如果你住在高层住宅里，上下都需要乘坐电梯，就更要优先考虑无攻击性且性格温良的犬种。

家庭成员是否适合

初次养狗的人可能并未真正理解犬类的力量和速度，因此也无法估量狗的冲撞力。作为原古灰狼的后裔，追捕猎物的本能让狗拥有善于奔跑的身体结构。所以，你养的狗狗是否适合你的家庭呢？

如果你家中有长辈腿脚不便、孩子身体幼小，一只活跃过度的狗狗或者体型过大的狗狗都有可能在追逐中撞到他们，使他们受惊或受伤，这是任何人都不想看到的结果。

除了养狗，你是否还有其他的宠物呢？比如猫、天竺鼠、鹦鹉等。你要明白，在天性喜欢追撵的狗狗眼里，它们都是很好的玩耍对象。

另外，吠叫也是狗的基本习性之一。如果家中有需要静养的病人，那么恐怕会无法忍受一只容易大惊小怪的狗狗。

虽然狗狗很适合成为家庭的一员，但不得不说有些人天生就对狗毛过敏，患有哮喘疾病的人也会对动物皮毛敏感。所以养狗之前要考虑到这些因素，征得全家同意，以免给其他的家庭成员造成麻烦。狗狗的到来应该得到全家的欢迎而不是抵触和反感。

你是否有时间陪狗狗玩耍

在人类看来，小动物们能吃好喝好就可以无忧无虑，但实际上并非如此。宠物狗的智商并不低，也有情感需求。当有一天，你忽然发现你养的狗狗食欲不振、对玩具提不起兴趣、不再黏着主人，更多的时候只是自己安静地待着，那么你就要担心它是否得了抑郁症。

是的，狗也会得抑郁症。

而让他们心情抑郁的原因，就是缺乏关心，长期被主人忽视。英国人曾做过一项调查，每年有 50% 的狗狗因患抑郁症而导致严重的行为问题。它们长期独处，得不到主人的爱护，性情会变得暴躁，从而具有相当的破坏性。

所以，不要怪狗狗性情暴躁不安，也许只是因为你没有拿出时间来陪它奔跑玩耍。如果你的工作非常繁忙，不能陪它散步，甚至不能在它身旁，又无法做出其他安排，那么你暂时是不适合养一只宠物的。

打理被毛需要时间和金钱

大多数狗狗覆盖着双层被毛。狗狗的被毛是需要定期梳理的，梳理被毛使狗感觉到轻松惬意，对它们的皮肤也很有好处。由于被毛类型不同，一些狗狗的被毛容易缠绕打结，如果不能及时得到处理，就会形成缠结，给狗狗带来痛苦。为防止打结，你可能每隔一天就要给它梳理一次。这种梳理也方便主人检查狗狗的皮肤是否健康。

给狗狗梳理被毛，至少一周一次，有的狗狗需要主人每天帮它梳理被毛。梳理被毛需要专门的梳理工具。如果给长毛的狗狗修剪被毛，就不得不去专业的宠物美容店处理。这些无疑是需要花费精力和金钱的。

降低了生活空间的整洁度

作为一个向往拥有宠物狗的准主人，你可能已经准备好房间里、衣服上会粘上狗毛，但你应该对此有更多的心理准备。狗狗的成长是需要一定的自由度的，因此狗毛被发现的范围和频率都会远远超出你的想象。另外，它滴落的口水和过于热情的动作，都可能在你的衣服、床单、沙发上留下印记，比如可爱的但脏兮兮的爪子印。

养狗的人会被反映有"狗味"，这种味道无论你怎么清洁，似乎都无法去除。这种味道来自狗的生理习性，你除了多做清洁，似乎也没有什么别的更好的办法去除这种微妙的味道。

总的来说，当你养了一只狗，似乎也只能降低自己对房间整洁度的要求，或者提高对狗狗的训练要求。但是显然，狗毛、口水、爪印、"狗味"都已是无法避免的烦恼。

你会让狗狗成为"丧家犬"吗?

自古以来，狗的忠诚品质被人类社会广为认可。我们把狗狗当作伙伴，当作家庭的一员。当你发现这个"家庭成员"忽然病得很厉害，或者非常调皮，摔坏了你的电脑，打碎了你贵重的花瓶，整天都在吵闹，你会选择抛弃它吗? 如果是你的亲人，你应该不会，如果是一只从小养大的狗狗呢? 你会因为嫌它麻烦，而美其名曰"放生"它吗?

"丧家之犬"是一个令人心酸的词，还有一种称呼叫作"流浪狗"也并不让人愉快。由于很多主人的不负责任，将作为宠物的狗遗弃，从而制造了大量流浪狗的存在。这些狗居无定所，终日惶惶，生存无法得到保障，还形成了社会安全隐患。为了避免更多的流浪狗出现，在养狗之前，建议你不如先考察一下流浪狗的生存状况，然后再做出理智的选择。

养狗，需要承担相应的责任，并不只是带它出去散步那么简单。宠物的未来完全取决于主人，所以如果你打算领养一只狗，你必须知道成为一个好的宠物主人是需要时间、精力和耐心的。所以在养宠物之前，应当考虑一下你养的狗狗的年龄、性别、品种等，慎重做出选择。

选择成年犬还是幼犬

大多数人会认为相比成年犬，还是选择幼犬好。首先是幼犬长得很可爱，而且适应性强、容易训练，更重要的是能与主人产生深厚的感情。但同时，它也会面临体质弱、容易生病、生活自理能力较差、需要更多的照料等问题，与幼犬建立良好的关系也需要较长的时间。

相对来说，成年犬生活能力较强，但也不容易和它建立感情，已经养成的某些坏习惯，可能需要主人不断地纠正。需要注意的一点是，狗狗长到两岁以后，它的行为习惯和脾气秉性就基本成型了，它们不会像幼犬那样有着更大的行为弹性，成年犬的习惯往往不容易改变。当然如果选择老年犬，那可能是另一番挑战，需要付出加倍的关心与照料，它才会比较快乐。

所以，选择幼犬还是成年犬，关键要看饲养者的需求，选择幼犬的前提是知道怎么训练幼犬，并且有时间训练，对养狗有足够的了解。

选择公狗还是母狗

公狗好养还是母狗好养，每个人都有自己的看法。而对于第一次养狗的人来说，在选择公狗还是母狗的问题上，可能会纠结一段时间。下面看看公狗、母狗的优缺点对比，希望能给未来的主人一点参考。

1. 外形

和自然界其他动物一样,公狗普遍会比母狗高一些,毛发也会更漂亮一些。成年后的公狗会更加强壮、威武、帅气。

2. 性格

公狗比较顽皮、好动、爱热闹,同时公狗会有一种强烈的本能——占地盘,会不断地扩大自己的领地,所以有时免不了和别的狗狗打架。如果遭到了主人的训斥,更会刺激公狗的占有欲,使其更富于攻击性,渐渐地可能就不再那么听话了。而母狗则比较听话、容易被驯服、爱干净。

3. 生育

母狗一年差不多发情两次,即每半年生一窝小狗狗。母狗生完小狗狗后,身体脱毛比较多,没有之前那么漂亮了。而公狗在一岁以后,可能会不分时间、场合地对母狗献殷勤。

以上是公狗、母狗的特点,各有好坏,希望未来的主人根据个人意愿选择。

选择什么体型的狗

狗狗有体型大小之分,有人喜欢大型犬,有人喜欢小型犬,养起来的感觉是完全不同的。下面来看看养大型犬还是小型犬都有哪些区别吧。

1. 喂养成本不同

狗狗最大的喂养成本是狗粮,一只大型犬一天的狗粮可能是一只小型犬一个月的狗粮。

2. 体重不同

大型犬小时候可以抱起来,成年后的大型犬存在感很强,更像是主人的伙伴,想抱也抱不动了。而小型犬即使成年后都可以轻松地抱在怀里,更像是宠物一般享受宠爱。体重带来的另外一点不同是,大型犬如果有事找主人会碰触主人,很像是重重地拍一下;而小型犬碰一下,几乎没有什么感觉。

3. 运动量不同

大型犬一般对运动量的需求大,所以最好每天带它出去玩耍,否则过剩的精力可能会使它在家里捣乱。而小型犬是否出去,不取决于它的运动量,而取决于主人的心情,因为在家就可以满足它的运动量。

4. 撒娇时的感受不同

大型犬撒娇求抱抱,更像是抱摔主人,它的吻更像是给主人洗脸；而小型犬撒娇，主人一只手就可以轻松搞定，想抱多久就抱多久。

5. 便便量不同

大型犬便便量大，处理起来更麻烦，尤其是出门在外，容易让人尴尬。而小型犬相对便便量少很多，给人少了很多尴尬。

其他不同的地方还有，大型犬手感好，冬天可以暖手。小型犬相对来说更容易叫，特别是刚出门和坐电梯时。小型犬更容易紧张，受到刺激后，会更容易攻击人，而且专门咬腿以下部位，人很难预防。小型犬伤人的概率远远超过大型犬。

还有一点不同，大型犬相对来说寿命要短一些。

选择混血犬还是纯种犬

有的人追求纯种犬，甚至不惜花大价钱去购买；有的人认为混血犬比纯种犬更健康，这是"杂交活力"，纯种犬比混血犬更可能患上某些基因引起的遗传病，因此会去购买混血犬。

研究人员将混血犬和纯种犬的问题做了广泛的研究，最后将分析范围缩小到犬类中最常见的遗传病。研究结果显示，遗传疾病的风险在一般的犬群中普遍存在，并证实混血犬和纯种犬患病概率几乎相同。

所以，不管是混血犬还是纯种犬，只要狗狗身体健康、能满足自己的需要就可以了。实际上，并没有完全意义上的纯种，很多所谓的纯种犬也是两种犬杂交人工繁育出来的。

如果你有特别的需求如何选择

在决定带一只狗狗回家之前，如果你有特别的需求，不妨多了解一下不同品种的狗狗的特点，什么样的狗狗能满足你的特别需求。

1. 适合初养者的犬

在琳琅满目的狗狗品种中，以下的这些狗狗最容易养，包括：金毛寻回犬、八哥犬、博美犬、边境牧羊犬、法国斗牛犬、拉布拉多寻回犬、贵宾犬、萨摩耶犬、中国沙皮犬、卷毛比熊犬、松狮犬、比格猎犬、腊肠犬、柴犬、英国可卡犬等，这些狗狗是好养的，可能容易打理，也可能性格比较温顺，从中选择一种犬不会错。

2. 适合全家养的犬

如今很多人都会选择养犬，但不是每个品种都适合全家饲养，尤其是有小宝宝的家庭，那么来看看哪些狗狗适合全家养吧。以下是适合全家饲养的狗狗：泰迪、边境牧羊犬、金毛寻回犬、哈士奇犬、德国牧羊犬、京巴犬、拉布拉多寻回犬、米格鲁猎犬、雪纳瑞犬、英国斗牛犬。这些狗狗有的比较温顺，有的顽皮可爱，有的会讨好小孩子，是孩子的玩伴，有的狗狗不容易掉毛，容易打理，也不会轻易让人过敏，所以非常适合全家饲养。

3. 容易亲近人的犬

狗狗如果能在刚生下来的时候就带回家喂养，可能更容易培养感情。在它成长的过程中，如果主人能够每天抽出时间来陪它玩耍，它就会更加信赖主人，也会更听话。狗狗品种繁多，但有一些狗狗相对来说更容易亲近人，来看看这些狗狗吧：金毛寻回犬、英国古代牧羊犬、哈士奇犬、拉布拉多寻回犬、阿拉斯加雪橇犬、萨摩耶犬、博美犬、爱斯基摩犬、松狮犬、边境牧羊犬、圣伯纳犬、沙皮犬、柴犬、蝴蝶犬、苏格兰牧羊犬等。

4. 低致敏性的犬

并没有百分百不会导致人过敏的狗狗，只是有些狗狗过敏源相对少一些。导致人过敏的原因是狗狗的被毛或被毛上的皮屑，如果狗狗掉毛少，就可以大大减轻人过敏的程度。来看看低致敏性的狗狗吧：贝灵顿梗犬、比熊犬、中国冠毛犬、马尔济斯犬、迷你雪纳瑞犬、萨摩耶犬等。

5. 担当警卫的犬

警卫犬有如下品种：藏獒犬、哈士奇犬、杜宾犬、秋田犬、卡斯罗犬、罗威纳犬、大丹犬、萨摩耶犬、阿拉斯加雪橇犬、大白熊犬、圣伯纳犬、马士提夫獒犬、兰波格犬、纽芬兰犬、葡萄牙水犬、伯恩山犬、波尔多犬、斗牛獒犬、匈牙利牧羊犬、拳狮犬、德国宾莎犬、库瓦兹犬、奇努克犬、巨型雪纳瑞犬等。

这些狗狗有的嗅觉灵敏度非常高，可用于侦查毒品和爆炸物；有的狗狗体格健壮、性格机智、警惕性强，可以做牧羊犬；有的狗狗力气大、体积大，可以拉雪橇；有的狗狗聪明、气质好、稳定性好、被毛能抵御恶劣的气候，能做警卫守护犬；有的狗狗性格温柔，能给盲人带路，可以做导盲犬。

6. 特别机灵的犬

有些犬具有高智商，它们非常聪明，大部分听到指令五次就能了解其含义。排在第一名的是边境牧羊犬，边境牧羊犬被用来牧羊已有多年的历史，它属于放牧犬犬种，不太适合都市生活。它精力旺盛、聪明敏感、行动敏捷，能突然改变方向和速度而且不会失去平衡,被公认为最机灵的狗狗。排在第二位的是贵妇犬,它很聪明并且喜欢狩猎,现在多被作为宠物饲养。其他的机灵狗狗有德国牧羊犬、金毛猎犬、杜宾犬、喜乐蒂犬、拉布拉多猎犬、蝴蝶犬、澳洲牧牛犬等。

7. 具有天赋的犬

不同的狗狗擅长的领域不同,人类也会根据狗狗不同的用途来有目的地繁殖。比如放牧犬的繁殖就是要它帮助人类放牧,这种能力就是放牧犬天生的,比如德国牧羊犬,它也常被用作警犬、护卫犬或搜救犬。这种犬身材矫健、性情温良、充满活力、肢体和谐、服从度高,被广泛用于军警协助,如侦查、缉毒等,是世界著名的良种狗。

有的狗狗记忆能力强,有的狗狗会跟着音乐起舞,有的狗狗善解人意,有的狗狗善于捕猎,来看看这些具有不同天赋的狗狗吧:边境牧羊犬(擅长牧羊)、贵宾犬(擅长水中狩猎)、金毛寻回犬(擅长游泳)、杜宾犬(擅长打猎)等,这些是具有某种天赋的犬。

8. 外形奇特漂亮的犬

有的狗狗身体脂肪很少,而且擅长跳投,它们很聪明,有时也很固执,由于独特的外表,被列为最昂贵的狗狗品种,如法老王猎犬。

其他或外貌出众、性格沉稳，或外表威严、非常爱干净的狗狗有阿富汗猎犬、博美犬、金毛寻回犬、西施犬、贵宾犬、喜乐蒂牧羊犬、蝴蝶犬、萨摩耶犬、哈士奇犬、拉布拉多贵宾犬等。

★专题 什么狗最聪明?

根据狗狗对指令的反应,人们对犬类的智商进行了排名。各位准主人不妨也看一看,比较一下自己的爱犬与这些公认"智商极高"的犬种差距有多大。

在这类排行中,位列前十的大部分狗狗在听到新指令5次后,就会了解含义并记住指令。当接到新指令后,它们遵守的概率在95%以上。不管主人位置是否在远处,或是训练的人缺乏经验与否,它们的学习能力让人惊叹。

第1位:边境牧羊犬

第2位:贵宾犬

第3位:德国牧羊犬

第4位:金毛寻回犬

第5位:杜宾犬

第6位:喜乐蒂牧羊犬

第7位:拉布拉多猎犬

第8位:蝴蝶犬

第9位:罗威纳犬

第10位:澳大利亚牧牛犬

TWO
找到适合你
的狗狗

一、领养幼犬

很多人都喜欢狗，希望拥有一只属于自己的狗狗。如果经济允许的话，当然是购买一只纯种狗狗最好了。而对于普通人来说，购买纯种狗狗可能负担较重，而且这样的狗狗一般都比较娇弱，驯养起来也比较麻烦。所以，很多人更愿意领养一只普通狗狗。领养狗狗最好领养刚出生不久的幼犬，因为从小养起来的狗狗跟你会更亲近、相处更和谐。

领养幼犬，最好在早上就把它抱回家，使幼犬能有一整天的时间熟悉新环境，防止幼犬晚上吵闹。另外，最好由新主人抱着它，使它有足够的安全感。如果开汽车领养幼犬，最好带一些清洁用品，防止幼犬晕车呕吐。领养幼犬有多种途径，常见的有从宠物店或宠物医院领养、从家庭中领养、网络领养、从救助中心领养。不管以哪种方式领养，带回家的第一件事就是立刻带它去宠物医院做检查，看看是否需要注射疫苗，尤其是狂犬疫苗。

宠物店或宠物医院领养

去宠物店（狗舍）或者宠物医院领养幼犬是比较常见的领养方法。宠物店以盈利为目的，一般会收拾得比较干净，看起来比较舒服，而在宠物医院的狗狗，可能生病的比较多，在这里领养狗狗更要慎重些。不过，无论是到宠物店还是到宠物医院领养，选择领养一只自己心仪的幼犬，都是需要慧眼识珠、多了解、多观察、下一番功夫的。

首先，要观察幼犬的生活环境。观察一下养幼犬的笼子是否干净、喂食的食物是不是清洁，如果幼犬生活的环境脏乱差，那么不建议在这样的地方领养。因为脏乱的环境很容易滋生细菌，幼犬在这样的环境下生活难免会生病。同时，脏乱的环境也映射出这里的主人比较懒惰，对待幼犬不够认真负责。当确认一家店的老板不是把宠物当商品，而是当作生命来尊重时，再选择这家店或这家宠物医院。

然后，观察幼犬的状态。通过与幼犬互动玩要来观察幼犬的行动力，当然互动的时候别忘了给狗狗点吃的来逗引它，并仔细观察狗狗的身体健康状态和性情。

① 检查幼犬的眼角是否有排泄物，健康幼犬的眼睛是明亮有神的，没有或很少有眼屎；

② 观察幼犬的被毛，如果被毛光亮柔顺，证明幼犬健康状况良好；

③ 检查幼犬是否跛脚或幼犬的爪子和腿有没有扭伤的情况，皮肤裸露的地方有没有溃疡和瘀伤；

④ 健康幼犬的鼻子应该是湿润而又干净的，没有流鼻涕的状况；

⑤ 观察幼犬在玩耍时是暴躁，还是温顺的，是怯懦逃避的，还是兴奋好奇的。幼犬其实跟人一样，也会有情绪反应，通过观察，尽量选择一只与主人性情相投的狗狗。

家庭认养

除了去公共的宠物店或宠物医院认养幼犬外，家庭认养幼犬也是很常见的一种认养幼犬的途径。不要小看这些被私人照顾的狗狗们，因为是单独家庭喂养的，这些狗狗一般都被照顾得很细心周到，身体状况一般都是很不错的。

很多养狗的家庭会非常欢迎新的主人来参观领养，特别是自己的狗狗生了宝宝，无法照顾更多幼犬的时候，就很希望有人能帮助自家分担一部分压力，把幼犬送走，以便让幼犬得到细心而又独一无二的照顾。从家庭中认养幼犬时，可仔细观察狗狗父母的外形和性格，以便做出选择。领养家庭也乐于展示狗狗饲养的过程和繁殖的情况，沟通起幼犬的情况来也更方便、更可靠。

网络认养

网络给人们生活带来了巨大的便利，人们可以在网上购物、游戏、找工作等。可以说网络已经渗透到人们生活的方方面面，而网络认养幼犬也越来越受到人们的欢迎。那么，网络认养幼犬需要注意哪些问题，如何认养呢？下面，我们就来详细地给大家介绍一下。

1. 心理准备不可少

无论在哪里认养幼犬，都要问问自己，是一时兴起才认养狗狗，还是做好了长期照顾幼犬的准备。因为养狗是一个长期的工作，每天都需要投入一定的时间和金钱来照顾幼犬。

2. 寻找资源要谨慎

现在的网络信息铺天盖地，如何在海量的信息面前迅速找到适合的幼犬信息不是一件简单的事。其间,要不断去粗取精、去伪存真,仔细识别哪些是虚假信息,哪些是真实的信息。很多宠物救助中心、宠物店、宠物医院以及宠物第三方认养平台都有自己的网站,发布相关狗狗的认养信息。如果是机构发布的信息,要查看他有没有相关的资质证明;如果是个人发布的信息,最好能深入交谈一下幼犬的情况。也可以到一些大网站认养爱犬,有的网站有自动找宠功能,未来的宠物主人可以设置想要宠物的条件,程序会自动匹配幼犬。匹配好后,再根据个人需要选择,但要注意的是,为防受骗,最好能看到幼犬和母犬在一起的情况。

3. 了解狗狗的身体状况

在网上要仔细询问一下认养幼犬的身体状况,如有没有打过疫苗、有没有病史、目前的精神状态怎么样等等。通过了解这些信息,我们才能掌握狗狗是否健康,了解商家是否为了利润而进行欺诈。

4. 明确费用情况

狗狗也是吃五谷杂粮长大的,在成长的过程中,难免会出现生病的情况。如果认养幼犬以后,在检查身体状况的时候发现健康问题,就需要一部分的费用支出了。如果是幼犬认养一段时间后得的病，那只能由认养主人负责，而如果健康问题在认养前就存在，就需要由幼犬认养之前的主人负责了。提前明确责任，有备无患，毕竟给生病的幼犬治疗也是一笔不小的开销。

5. 观察好了再认养

在确定认养幼犬之前，最好先约个时间去看看狗狗，仔细观察幼犬几天，看看幼犬性情怎么样、有没有什么不良的嗜好，而不要只听对方单方面的讲解，盲目认养，为以后带来不必要的麻烦。

总之，网络认养幼犬也不能马虎冲动，多一分小心，就可能少一分麻烦。

救助中心

现在越来越多的人开始关注流浪狗的保护问题，一些爱心志愿者或民间组织协会也自发建立相关的宠物救助中心，来收容更多的流浪狗狗。

正规的救助中心都会有相关管理人员负责狗狗的日常喂养以及清洁工作，包括剪毛、洗澡、打扫狗舍、消毒，如果狗狗生病了，还要带狗狗去宠物医院进行治疗，如果属于传染类的疾病，需要单独隔离，直到病完全康复为止。救助中心还要给狗狗定期检查身体、打疫苗、做好防疫工作。半岁以上的狗狗要做好绝育手术，以免过度繁殖。所以，从救助中心领养的狗狗一般都是保证健康的，还会有人不定期回访，这是对领养人负责，也是对小动物负责。

救助中心很希望好心人士能够认养和领养狗狗，因为这样狗狗不仅能得到很好的照顾，还能减轻救助中心的负担。这也是关心救助事业的爱心人士资助救助中心的一种常见方式。认养狗狗时，认养人需要向认养负责人缴纳认养费，一般不会再交其他的费用。如果认养的狗狗发生意外或者因生病而产生"额外"费用，可以协商解决，一般不会硬性规定。认养人可以经常去看望狗狗，帮助狗狗洗澡、剪毛、喂食、玩耍等，多关爱狗狗，这样狗狗也会更加信任你。负责人也可以将狗狗的照片或者现状发送到认养人那里，或者发布到相关网站论坛上面。

通常一个人可以同时认养多只狗狗，也可以重复认养一只狗狗。同时，在救助中心一般遵循"优先领养，认养在后"的原则。因为救助中心更希望狗狗们有一个属于自己的家，有自己真正的主人。所以，在一个狗狗同时被人领养和认养的情况下，一般认养者要让步给领养者。通过救助中心领养狗狗，虽然不需要什么费用，但是也需要走相关的流程。一般需要提前申请，填报领养信息，然后救助中心进行家访，最后签订相关领养协定。

警惕狗贩子

狗贩子以贩卖狗为生，以营利为目的，而且他们贩卖的狗狗很多不是通过正规渠道得来的，想要从他们那里得到心仪的狗狗，并不是一件容易的事，而且一不留神，就可能掉入狗贩子设置的陷阱里，所以要高度警惕。下面，我们就来解读一下狗贩子通常会使用哪些伎俩来诱人上当。

1. 打止血针

狗贩子贩卖的狗因为渠道不明、饲养环境差，很可能已染上狗瘟，这时候狗狗会出现拉血的症状。为了避免狗狗死掉，而且为了不影响销售，狗贩子会给狗狗打止血针，而购买者是无法用肉眼看出来狗狗的异常的。

2. 隐瞒狗龄

通常幼犬要半岁以后才能离开母亲独立生活，母狗为了照顾幼犬就不会再和公狗交配，这便延长了第二胎出生的时间，而急功近利的狗贩子可能会在幼犬发育一两个月的时候就拿出来卖，然后将狗狗的年龄报大些，而这样的狗因为太小是很难养活的。

3. 掩饰病狗

有些狗狗生病了是一眼能看出来的，这样的狗狗可能看起来蔫蔫的、不爱动、眼睛有眼屎，耳朵和肛门也不干净。这时候，狗贩子就可能给狗狗打一针血清，狗狗两三天内就会变得精神起来，然后将狗狗不干净的地方洗干净，从表面上根本看不出来。等血清失效后，病情就会更严重，刚买的狗狗可能坚持不了多久就失去了生命。

除了这些常见的伎俩，狗贩子还可能通过为狗狗染色、谎报狗狗的品种、隐瞒缺陷等种种手段进行欺诈。所以，为安全起见，建议您尽量不要从狗贩子那里购买宠物狗。

二、收养流浪狗

在我们身边，常常看到一些身边没有主人的狗狗，它们可能是和主人走散了，也可能是因为主人经济困难，没能力继续喂养，亦或要搬家带着狗狗不方便，家人不同意继续饲养等原因，狗狗就被遗弃了。它们独自在街上四处游荡，浑身脏兮兮的，人们看到都嫌弃地躲得远远的。而一些好心人和爱狗人士看到这些无家可归的流浪狗，就会很心疼，有的会带一些吃的给它们，有的干脆把流浪狗带回家收养。不过，收养流浪狗虽是好心，值得肯定，但带流浪狗回家之前，一定要注意一些事情，盲目地收养流浪狗可能会给自己带来不必要的麻烦。

慎重决定

在收养之前，先要确认这只狗狗能不能被收养。有的狗狗在流浪的过程中曾受到过人类的虐待，可能会产生厌恶和仇视人类的情绪，如果贸然接近它，很可能让狗狗认为你要攻击它，为了保护自己，就会出现低吼、狂吠、撕咬等攻击性行为。在这样的情况下，最好与流浪狗保持安全距离，因为你可能无法在保证自己的人身安全的前提下接近它，更不要说收养它了。这样的狗狗需要更多的耐心和经验，需要进行专业训练，可以通知宠物收容所来收养。

如果你在尝试对流浪狗喂食时，它会摇着尾巴过来，召唤它，它也会跟着你走，这样的狗狗比较亲近人，可以考虑收养它。不过，因为流浪狗长期无人看管、不能定期打疫苗，它们生存的环境要比家养的狗恶劣得多，身上携带病毒、鼠疫、跳蚤等可能性也要远远高出家养的狗，收养流浪狗后续的工作会很麻烦，这些都是不能忽略的问题。

为狗狗检查身体

我们知道，定期做身体检查，是了解身体状况、预防疾病的重要手段。狗狗也不例外，也需要定期做身体检查，以便对某些疾病做到早发现、早预防、早治疗。很多狗狗因为没有及时做身体检查，出现各种各样的疾病，这不仅影响到狗狗的健康，也可能给主人的身体带来巨大威胁。所以，带狗狗检查身体是一项必不可少的工作，对于流浪狗来说，这项工作更是马虎不得。

流浪狗长时间在外游荡，缺乏护理，因乱吃东西，身体虚弱，很可能已经感染了一些鼠疫等传染病以及皮疹、过敏等皮肤疾病。所以，在带狗狗回家之前，需要带它到宠物医院做个专业而又全面的身体检查，以便确认一下狗狗的身体状况。

狗狗的检查项目主要包括常规检查（包括对狗狗五官、被毛、皮肤以及口腔内部的检查，心率及血压的检查，呼吸及体温的检查等），血液检查（判断狗狗是否有贫血、细菌或病毒感染、寄生虫感染等疾病以及肝肾功能是否异常等），粪便检查（判断狗狗是否有消化道功能疾病），超声检查以及尿液检查等，这些都是判断狗狗是否健康的重要指标。

检查完身体还可以给狗狗洗个澡，用专业的杀菌除螨洗剂彻底地为狗狗消消毒，然后再给狗狗修剪一下毛发，这样就可以放心地收养狗狗了。如果狗狗的身体状况不乐观，甚至很差，建议还是慎重考虑下要不要继续收养，因为这样的狗狗可能因为后续的治疗给您的生活和经济带来不小的压力。

除了这些，不要忘了定期带狗狗去注射疫苗，这不但为狗狗的健康负责，也是为主人的健康负责。

喂食和训练

流浪狗因为无人定期投喂食物，可能已经养成了不规律进食的习惯。在外流浪，没有了固定的食物来源，流浪狗数量多时，就要靠翻垃圾桶来寻找食物了，这些食物不干净、不卫生，可是为了果腹，狗狗们也就饥不择食了。当没有食物的时候，狗狗也只能挨饿，这样饥一顿饱一顿的生活，极大地损伤了狗狗的胃功能。

为了尽快帮助狗狗调整饮食习惯，开始的时候可以少量喂食，以后给狗狗逐渐增加营养。等狗狗慢慢适应了新的食物，再慢慢增加食物量，少食多餐可以让狗狗的肠胃有一个适应的过程。

如果带狗狗出门遛弯，狗狗还是习惯性去翻垃圾桶，要及时制止它。刚收养的狗狗，很难完全听从主人的命令，所以不能操之过急。出门时最好给狗狗带上牵引绳，以免狗狗到处乱跑。等狗狗慢慢信任主人了，慢慢适应新的生活了，再进行一些基本礼仪的训练，包括定时如厕、正确乘车等。只要主人有足够的耐心，用正确的方法慢慢引导，相信狗狗会逐步融入新的家庭生活，成为人类最忠心的朋友。

狗狗是人类最忠实的朋友，我们听到太多狗狗忠于主人的感人故事。很多人也想拥有一只属于自己的忠诚狗狗，这时候就要好好地挑选一番。有人说要"以寻找配偶的眼光去挑选狗狗"，这句话一点都不过分，因为一旦买回家，它的一生就与主人的家庭密切相关。如果能陪伴一条狗走过它漫长的十几年，那么这个主人就会获得独特的体验和感受，和那些只养几年甚至几个月的人相比是完全不同的人生体验。有研究表明，时间长了，连狗狗都会长得越来越像主人。所以养狗之前，不妨以寻找配偶的眼光去亲自挑选狗狗。

观察精神状态

　　精神状态是反映狗狗健康状态的一面镜子。健康的狗狗一般情绪稳定，活泼可爱，愿意与人交流沟通、互动玩耍。你跟它亲近，它会表现得很兴奋、很热情，这样的狗狗精神状态就非常好，很适合领养。但如果狗狗精神不振、低头呆坐、反应迟钝，或过于敏感、紧张害怕，或充满敌意、不断吠叫，这样的狗狗精神状态就不太好。如果你逗引它，它都没有一点兴趣，理都不愿理你，表现得一点都不活跃，说明它的身体可能存在问题了，这样的狗狗可能感染了严重的疾病，是不能领养的。

　　如果你逗引它，它表现出强烈的敌意，甚至出现攻击你的情况，那也是不能领养的，因为它可能之前受到过人类的殴打虐待，很不信任人类，今后跟它培养感情以及训练狗狗都会比较烦琐，出现狂犬病的概率也很高，这样的狗狗也不适合领养。

观察皮肤状况

　　皮肤病也是狗狗常见的一种疾病。皮肤病非常顽固，治疗的周期长，还容易复发，有的还具有传染性，在挑选狗狗的时候要特别注意这点。狗狗的皮肤很少裸露在外面，想要查看狗狗的皮肤状况，需要分开狗狗的被毛。如果你跟狗狗不是很熟悉，可以让狗狗的负责人协助进行。狗狗皮肤状况不同，反映出来的健康状况也是不一样的。下面，我们就来具体介绍一下。

1. 湿疹

如果狗狗皮肤出现点状或者不规则的红斑，并伴有严重瘙痒感，狗狗通常是得了湿疹（图2-1）。狗狗的湿疹通常要经历丘疹期、水疱期、脓疱期等阶段，由

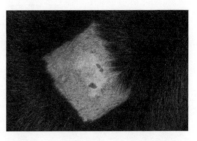

图2-1　狗毛覆盖下的湿疹情况

急性转为慢性，非常顽固。患湿疹跟皮肤不洁、抵抗力差、药物等因素有关，需要经过长期药物治疗才有效。

2. 真菌感染

如果狗狗的皮肤有的地方出现片状或块状的红色斑块，并与健康皮肤有明显的界线，结痂后容易剥离，剥离后皮肤光滑、没有增厚，而是形成大面积的癣斑，还有像鳞一样的皮屑掉落，证明狗狗的皮肤已经感染了真菌（图2-2）。除了狗狗身上的皮肤容易出现这种症状，狗狗的脚垫、脚趾如果出现红肿，也可能是真菌感染了。

图 2-2　真菌感染

3. 螨虫

如果狗狗增厚的皮肤上面发皱出血，以及有分泌物或者小疙瘩出现，并且有比较大的皮屑和结痂，很可能是狗狗因为感染螨虫而出现的皮肤过敏症状。

4. 虱蚤

如果在狗狗的毛发里发现了黑色小粒粒，很可能是跳蚤在狗狗身上留下的粪便，如果是小白点，便是虱蚤留下的虫卵，这多数是没有及时洗澡引起的（图2-3）。

图 2-3　感染了螨虫和跳蚤的狗皮肤

5. 皮屑

很多狗狗因为缺乏维生素、缺乏阳光照射，所以有皮屑。不过这点不用紧张，可以在日后饲养的过程中予以矫正。

另外，健康的味道是诊断是否有皮肤病的重要指标，因为很多皮肤病会散发刺鼻的味道。而判断健康狗狗的皮肤就很简单了，如果狗狗没有特别的味道，皮肤是肉肉的淡粉色，没有皮屑等特殊情况，证明狗狗的皮肤是健康的、没有问题的。

观察狗狗的骨骼

观察狗狗的头骨有无变形，脊椎骨有没有弯曲，下颌骨有没有裂痕，髋关节和膝关节有没有脱臼等。可以用手从头部开始摸一摸，依次为头骨、上颌骨、下颌骨、颈椎骨、脊椎骨、四肢骨等。当它运动时，看其运步、跑跳姿势中是否有跛行，动作是否灵敏，行动是否矫健。健康狗狗的骨骼应该是强健的，只要让它活动活动，多观察一段时间，有没有问题会自然显现出来，这个是很好判断的。

观察性格

选配偶要"三观正"，选狗狗也要注意性格匹配。观察狗狗是否喜欢和人亲近、与人相处，尽量不要选胆小的、神经质的、情绪不太稳定的狗狗。但不管选什么性格的狗狗，温顺都是最重要的考察点，因为一只脾气不好的狗狗可能会咬到人，轻者使人受伤，重的可能会威胁人的生命。

和人具有不同的性格一样，狗狗也有不同的性格，大致可分为五种：顺从型、弱型、统治型、操纵型、混合型。

1. 顺从型和弱型

这两种性格的狗狗很相似，它们尽可能地逃避与人的目光接触，当有人靠近时，它们会非常恐惧。对它们进行训练时，最好采用温柔点儿的方式进行。

2. 统治型

统治型的狗狗比较活泼，容易兴奋。统治型的狗狗可能会用一些带有威胁性的身体语言，如瞪眼睛、尾巴高高翘起、张着嘴巴、露出牙齿等方式显示它们的威严。

3. 操纵型

操纵型的狗狗和统治型有点相像，它通常会要求主人爱抚，或以拒绝饮食来显示自己的存在。越是内心恐惧的狗狗越易用这样夸张的行为、动作、表情来求存在感，其实内心脆弱得不堪一击。

4. 混合型

可能大部分的狗狗属于混合型，有时会比较霸道，有时又会比较柔弱，即便是统治型的狗狗在身体不适时，也不会过于强悍，所以应根据通常情况来判断。

观察眼睛、耳朵、鼻子

眼睛、耳朵、鼻子分别是狗狗重要的视觉器官、听觉器官和嗅觉器官,如果这些地方出了问题,势必会影响狗狗感官的灵敏度。想要挑选一只聪明的狗狗,就要把好眼睛、耳朵和鼻子这"三观",看它是否有眼屎、鼻涕,鼻镜是否是湿润的,它的耳朵是否干净。只要发现有一项不太合格,那就要慎重考虑一下是否要选择它。

1. 眼睛

健康狗狗的眼睛应该是炯炯有神的,如果狗狗眼睛下面有泪痕(图2-4),可能是先天因素导致,也可能是饮食中服用了太多的盐造成的,除非有信心能调理好,否则还是不要选择这种病犬了。

图2-4 眼角下的红色泪痕

如果眼结膜充血,可能是一些传染病、热性疾病的征兆。如果眼结膜苍白可能是贫血;角膜浑浊有白斑,可能是角膜炎,也可能是犬瘟热的中后期;角膜出现蓝灰色,则可能患有传染性肝炎。

2. 耳朵

健康狗狗的耳朵是干净没有异味的，如果翻开狗狗的耳朵发现耳道里堆积了很多耳垢（图2-5），并伴有异味或者浓稠的分泌物，或有外伤、出血的情况，证明狗狗的内耳可能有损伤或者有炎症、寄生虫发生，这些都是狗狗不健康的表现。

在狗狗头的后面制造声音，如果狗狗循着声源去观望，证明狗狗的听力是正常的。如果它坐立不动，对你的声音没有反应，那么狗狗的听觉可能有问题。

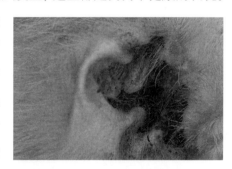

图2-5　狗耳道里出现耳垢

3. 鼻子

狗狗的鼻头除了在睡觉和刚刚醒来的时候有点干，通常情况下都是湿湿的、凉凉的状态。用手触摸一下狗狗的鼻子，如果感觉又干又热，狗狗很可能处于亚健康状态了。狗狗偶尔也会流鼻涕，健康狗狗的鼻涕通常是透明的清鼻涕，而已经感染了一些呼吸道疾病的狗狗的鼻涕通常会是浓稠的黄鼻涕，这点和人是相似的。

观察口腔

狗狗的口腔检查包括牙齿、牙龈、分泌物以及口气这几个方面的检查。健康狗狗的口腔是不会有异样分泌物出现的。如果发现狗狗口腔内泡沫状的分泌物增多就证明狗狗健康有问题。观察狗狗的牙齿，如果是白色的，没有缺损或发黑、发黄的情况，且没有过多的牙垢，证明狗狗牙齿很健康（图2-6为牙垢严重的情况）。如果发现狗狗的牙龈不是正常的粉红色，而呈现灰白色的情况，那么狗狗可能正在发生牙龈内部出血或者存在贫血、身体虚弱等健康问题。如果狗狗口气比较重，那可能是狗狗的肠胃出了问题，或者是口腔炎症或饮食不当诱发的，要慎重考虑。

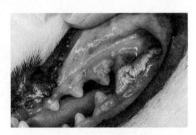

图2-6　严重牙垢

观察脚垫

动物都是靠脚垫在陆地上行走的，通过观察脚垫也能看出狗狗的健康状况。幼犬的脚垫通常比较细嫩、柔软，如果脚垫很硬的话可能是犬瘟热的前期表现；成年狗狗的脚垫比较结实、丰满，如果脚垫干裂可能是营养不良导致的。

观察尾巴

狗狗的尾巴有保持平衡和感知周围障碍的功能。我们一般不能通过观察尾巴来感知狗狗的健康状况,但是可以通过观察尾巴来判断狗狗对你的情绪变化。

如果狗狗见到你就欢快地摇尾巴、眯眼、跳跃,表现出想跟你亲近的样子,证明狗狗很喜欢你,你可以考虑把它带回家了。如果狗狗尾巴伸直不动、身体僵直地看着你,证明这只狗狗对你充满警惕,甚至带有攻击性。如果狗狗见到你放低尾巴,或将尾巴夹在两条后腿之间,证明狗狗对你顺从,甚至有些恐惧,这样的狗狗可能缺少训练,带回家后可能不容易适应新环境,跟它相处起来可能会不太顺利。

观察下腹部

这点可能会被忽略,但它是判断狗狗是否患病的重要部位。因为狗狗下腹部的毛发比较少,如果出现异常,很容易看出来。如果狗狗的肚脐周围、后腹部有明显的球状凸起,则狗狗可能患有脐疝、阴囊疝,可能需要手术治疗。如果狗狗下腹部鼓鼓的,除了有狗狗正常发胖的原因外,还可能是因为狗狗出现了腹水、肚胀或者寄生虫的情况,这点也要引起注意。

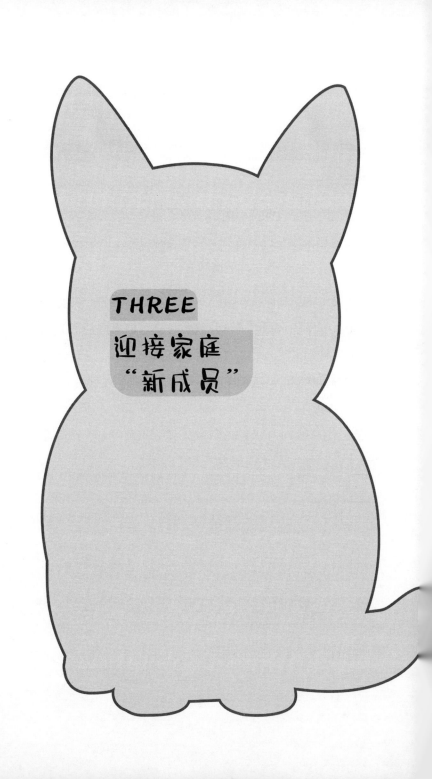

THREE
迎接家庭
"新成员"

一、养狗的基本装备

养狗狗不是简单抱回家就够了，考虑到它的生活需求，主人务必要提前做好各种准备。首先需要给它准备一些日常用品，以及养狗的基本用具，还要安排好狗狗住的地方。

狗窝

我们怀着期盼的心情等待狗狗的到来，首先就要给它安排好居住的地方。首先需要一个窝供它休息和睡觉，那就是狗窝（图3-1）。狗窝，就是狗住的地方。狗窝可以自制，如果比较匆忙，可以临时用纸箱子代替，但要考虑到大小是否和狗狗的身形匹配，也要注意要能保暖。

购买狗窝无疑更加省事、快捷，也使我们拥有更多的选择。狗窝不但有各种品牌可供挑选，还根据适用狗狗的身形分为小型、中型、大型，以及超大

图 3-1　狗舍

型和超小型等。材质从纯棉到牛津纺，从灯芯绒到帆布，各种材料应有尽有。市场上所流行的狗窝既有封闭或半封闭的狗窝，也有屋型、帐篷型的，还有如"狗床、狗垫、狗沙发"等各种类型的狗窝。主人可以根据实际需要和偏好来仔细挑选。

1. 挑选狗窝

挑选狗窝，型号大小是首先需要考虑的。如果过大，狗狗会感觉寒冷，如果过小，它的四肢无法伸缩自如，就会影响休息。所以我们在为狗狗选择狗窝时，应确保它能在里面自由坐卧，站立和转身都有余地，而且通风良好。如果考虑到小狗的成长性，买了较大的成犬狗窝，那需要在显得空旷的狗窝中放置好分隔板，或者放置一个纸箱在狗窝中，来改善小狗的居住感受。

如果主人打算跟小狗一起睡觉，那就需要另外为小狗准备一张床（图 3-2，图 3-3），让小狗在您不在家的时候可以睡觉。当然尺寸应该符合小狗的体型，这样小狗在睡觉的时候，

才会舒适,且有安全感。

图3-2 狗床(1)

图3-3 狗床(2)

其次,狗窝的材质和面料也要适合自己的狗狗。例如对于卷毛及长毛犬,最好选择纯棉质地的狗窝,因为不容易产生静电,狗毛也不容易打结。

对于年幼或还未训练好的狗狗,腈纶或绒面材质的狗窝性价比较高,相对来说易洗涤、温暖舒适、价格较低。

有的主人还会给狗狗选择木质的狗窝。这时候就需要主人准备一块柔软舒适的垫子,或者用旧衣服、旧床单代替,既有温度,又能让狗狗闻到主人的味道,增加安全感。

第三,以封闭性来考虑,敞开式的狗窝也被称为狗沙发,比较适合体型较大的狗;而半封闭式的狗窝则比较适合体型较小、毛比较少、年龄较小的狗狗,安全感和舒适感更高。

另有箱式狗舍,可以移动、方便携带,如果有客来访,可以委屈狗狗暂时停留在那里,使它不会四处乱跑惊吓客人,可以说相当方便。

如果把狗狗安置在庭院里,可以为它建立一个犬舍。材质以木板或者砖块为主,将其建造在院子向阳的一角。户外的犬舍应该防潮、防雨、冬暖夏凉。值得注意的是,如果主人养有多只狗狗,切记要分割出单独的犬舍单元,总之要隔开。每只狗不但应该配备自己的食具,还要放有犬床,供犬躺卧。冬季来临时,犬床上应放草垫或铺以垫草、毯子、被褥。

2. 狗窝的放置场所

狗窝的放置地点应该是有选择的。冬季温度很低,狗窝的放置场所需要充分的阳光。另外,狗的警惕性很高,轻微的动静都会让它惊醒,为了让狗狗睡得更好,请务必将狗窝安放在安静的地方。

3. 狗窝的清理方法

给了狗狗一个倍感安全的"窝",操心的主人还要考虑如何正确清理狗窝。清理时要根据狗窝的材质进行不同的处理。

对于大型狗狗居住的笼子,我们可以多借助阳光。去除遮挡物后,让狗狗的笼子充分暴晒于阳光下,透透风,并让阳光中的紫外线给狗笼杀杀菌。如果是塑料材质的笼子,那就简单很多,直接用清水对这些塑料进行清洁。如果是毛毡、帆布之类不易干的材质，可以直接用吸尘器吸上面黏附的尘土。另外，狗狗常用的小垫子或毯子最好进行拆洗，用少量消毒液浸泡后，进行清洗。不要放进洗衣机清洗，建议最好手洗。主人打扫狗笼子内部后，把外层遮拦物再次捆好，最后将清洗后的小垫子和毯子给狗狗换上就完成了。

对于小型狗狗的布制小窝，主人应先用吸尘器将内部空间里狗狗的毛发和皮屑等用吸尘器吸干净，小垫子也要进行清洗、暴晒，最好加入少许的消毒液，或者是狗狗专用的洗浴液。如果主人为了偷懒使用了洗衣机，那么洗衣机的消毒和清洁就是必须要考虑的了。因为寄生虫很容易藏匿在洗衣机中，如果这台洗衣机再次用于清洗人的衣物，就会让寄生虫吸附在人类衣物上。

狗笼

有些主人会纠结于选择狗窝还是狗笼。从功能上来说，两者的区别并不大，但从人的感情来考虑，似乎狗笼主要是为了把狗关起来，狗窝就温馨多了，听上去是狗狗的"家"。但选择狗笼还是狗窝，主要看狗的种类，有的狗适合笼子养，有的狗适合窝养。有的狗狗过于凶猛，那么钢筋制成的笼子会让人更有安全感，尤其对于大型犬来说。

狗笼可以用木材、钢筋、塑料等制成，铁或木制狗笼比较笨重，但是坚实又耐用。塑料狗笼的笼门为钢丝制成，其余三面有圆眼通风，轻便耐用，但通风不好。不锈钢或者铝合金的，价格稍高但既轻便又耐用。次一点的有铁质镀塑的，价格相对便宜（图3-4）。

图3-4　狗笼

厕所

狗狗的排便问题被狗主人公认为是最重要的问题，宠物厕所解决了其中的一部分难题。如果主人工作繁忙，无法如平常一样带它去散步，解决大小便问题，那么家里准备它的专用厕所是很方便的。

第一种狗狗厕所的特点是可折叠，这种简单的可折叠式宠物厕所是两用型狗厕所。放平时雌性狗狗专用，当立起后，可供雄性狗狗使用，不但节省空间，也很方便舒适。通常这种厕所会以橡胶材料为底托，增强与地板的牢固性，并能防止移动。

第二种是卡扣式宠物厕所，这种类型的狗厕所能够防止狗狗的尿不湿移动，高遮挡可防止尿液飞溅，抗菌设计，卫生洁净。

第三种是简洁式宠物厕所，简洁式厕所设计含有抗菌除臭成分，可将水分牢牢锁住，防止液体渗漏。

第四种是雄性狗狗专用厕所，三个方向被围住，可以防尿液外溅，支持狗狗喜欢在墙根抬腿尿尿的本能。

尿垫

尿垫是供宠物专用的一次性卫生用品，善于吸水，并可长时间保持干爽（图3-5）。对狗主人来说，这是一种能够节约时间的"用品"。由于大多由优质无纺布制成，所以对液体的吸收渗透性能极高，同时，内部的木浆和高分子能够锁住水分，使之不会渗透泄漏。其他的部分一般是用优质PE防水膜制作，结实耐用，不会轻易被狗狗抓破、撕烂。

图3-5　尿垫

尿垫主要用在外出时的车里、宠物箱笼里，替代无法携带的小垫子、毯子，或者直接用于狗狗排便。当雌性狗狗生产时，也会提供帮助。

值得注意的是，类似物品应避免让儿童接触，也不要让狗狗养成撕咬尿垫的坏习惯，一旦被其吞咽，就要与兽医联系。

牵引绳

我们常常能听到或见到这样的事情：某只狗狗在鞭炮响时受了惊吓，狂跑之后再也找不到了；某只狗狗与隔壁家的宠物狗打得头破血流；更让人心惊的是，狗狗在乘坐电梯时忽然奔出，惊吓到电梯外等待的老人、孩子……这些都是牵引绳存在的原因。牵引绳不仅能够维护公共安全，也可以帮助主人保护自己的狗狗。在城市中养狗、遛狗时使用牵引绳是一项最基本的要求，每个养狗的人都应该有这样的认识。

种类

牵引绳有以下几类。

基本款就是简单一根尼龙绳，长度不可调节，一般在1～1.8米之间，这样的长度既给了狗狗一定自由活动的空间，也让主人能相对及时地控制狗狗。

第二种牵引绳可以调节长度，如同卷尺（图 3-6）。长度会随着狗狗的距离自动调整，狗狗的活动空间非常大。但是习惯使用这种牵引绳后，狗狗会养成"自由自在"的性格，容易让狗狗养成拉拽牵引绳的坏习惯。

第三种牵引绳能随时调成短绳，或者根据需要调成长绳，但是需要停下来调节，不如伸缩牵引自由。

图 3-6　自动绳索牵引绳

第四种牵引绳为有多只狗狗的家庭设计，称为双头牵引。不过同时使用这种牵引绳的两只狗狗的速度和体型应该相差不多，否则会用力不均衡，互相拉扯。

第五种牵引绳叫作多功能牵引，可以变身为短绳、长绳、临时固定绳、双头绳等等。主要是通过绳身的多个环扣设计来实现各种变化。

选择和使用

牵绳和项圈都是狗狗的日常用具，应该贴合狗狗的特点和实际需要。如果你的狗狗性格温顺、走路乖巧，那么就用伸缩牵引给它相对比较大的自由；如果狗狗性格热情奔放，经常拖拽，那么就要借助较短的牵引绳来纠正其行为问题。

给狗狗佩戴牵引绳注意不要勒得太紧，稍微留有一定的空隙，保持松弛，以免狗狗因为牵引绳太紧而出现憋气的情况。因为狗狗非常好动，如果给狗狗佩戴的牵引绳不够松弛的话，随着狗狗活动量的增加，狗狗的牵引绳也会越变越紧，很容易勒到狗狗的脖子，让狗狗坐立难安。

主人要对牵引绳有正确的认识，它并不是对狗狗的束缚，而是对狗狗的保障，是避免丢狗、伤人之类悲剧发生的最直接工具，是当之无愧的狗狗的"生命绳"。

项圈

训练狗狗时，项圈是帮助我们掌控狗狗身体的重要道具

（图3-7）。在日常遛狗中，项圈也是必不可少的用品，它能防止出现狗狗暴冲、走丢等情况。面对琳琅满目的项圈，我们应该如何选择呢？

图3-7　项圈

按照材质来说，项圈分皮革、尼龙、棉织以及塑料等材质，除此之外还分为宽版和细版。一般来说，体型较大的狗应选择

宽版,反之,体型偏小的狗就适合使用细版的。

项圈并非一步到位,当你的狗狗从幼犬到成年犬,随着体型的变化要不断更换项圈。最初,你只需要给幼犬准备一只小而轻的"幼犬专用项圈"。不同的犬种会有不同的项圈偏好。比如长毛犬显然会青睐光滑的皮质项圈,因为尼龙项圈常常会牵扯被毛;有的犬种颈部敏感,那么就要给它们准备比较宽、内侧比较平的项圈。如同人需要试穿衣服,不如给自己的狗狗多试几条,找出让它觉得最舒适的那一款。

在给狗狗使用项圈时,需要尤其注意长度的控制,不能太紧,否则会影响呼吸,也不能太松,否则会让狗狗轻易逃脱。一般来说,脖子跟项圈之间留一根手指的宽度就已经足够。另外,并不是戴上项圈就要随时佩戴,在家中或者适合的空间里,可以让狗狗摘下项圈(图3-8)。

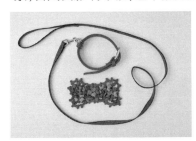

图3-8 项圈和牵绳

定期地清洁项圈也是很有必要的一项工作。由于长期和狗狗皮毛接触,项圈上会有脏物以及细菌堆积,出于对狗狗健康的考虑,项圈的清洁问题同样需要重视。

头部项圈，看起来和马的缰绳类似，一般由两条尼龙带组成，一条围绕在狗的鼻梁位置，另一条则围绕在后颈部。这种设计，使主人在以适当的力道拉起牵绳时，会同时对鼻梁及颈部产生一定的压制力量，从而让狗稳定下来。这种项圈用来矫正狗吠叫、暴冲、焦躁等行为。

一般地，对于大多数狗主人来说，不建议使用电子项圈，因为这会破坏狗的自信心、工作欲望和善意。德国在 2016 年已立法禁止销售和使用这种产品，"禁止使用直接电击去限制动物的行为；也禁止使用一切会使动物受到伤害、感到痛苦的手段强迫动物做到饲主希望的行为。"

胸背带

相对于需要紧紧勒紧狗狗颈部的项圈，胸背带的设计显得更加科学合理（图 3-9）。胸背带的总体长度是根据狗狗的胸围确定的。把胸背带的扣平放在地上，成为一个 8 字形，让狗狗的两只前腿分别放入 8 字形中，再扣起狗狗，挂上牵带，就佩戴好了一副胸背带。

图 3-9　胸背带

由于与项圈的作用相近,很多主人更偏好用胸背带来替代项圈,因为胸背带的舒适度相对要高一些。当狗狗向前冲时,项圈有时无法对其进行有效控制,而使用胸背带时,主人在拉狗的时候就可以放心行动,不会过于担心伤害到狗狗。不过在训练中,项圈无疑更加适合。

1. 选购事项

选购项圈、胸背带和牵绳有着共同的原则。第一,戴起来舒适,不会伤害狗狗的皮肤和毛发。第二,保证一定的强度,在必要时能够迅速控制狗狗。第三,材质合宜,耐用美观。第四,做工精良,接缝处平整,不会对使用者造成伤害。

2. 使用事项

① 使用胸背带,胸围大小为能轻松插入两个手指为宜,过紧或过松都是不正确的。

② 牵引绳长度不超过 1.5 米,在穿行马路和出入电梯时应收紧牵引绳。

③ 使用项圈或胸背带出行时,狗狗应随行在主人的身后或旁边,如果狗狗向前蹿或乱奔应该召回它并及时奖励,培养良好的遛狗习惯。

④ 在四五个月左右即幼犬打齐所有疫苗之前,可以开始

让它们接触并习惯牵引绳和项圈的存在。

⑤ 行进中也不要忘记关注狗狗的节奏，随时做好抖拉牵绳进行警示的准备，但动作幅度不应过大。

⑥ 正常的状态是牵引绳略微下垂，保持放松，如果有意外发生时，主人做出的动作会很容易被狗狗感受到。

⑦ 避免强行拉着走。

餐具

狗狗用餐，需要两只碗，一只用来装水，一只用来盛食（图3-10）。许多主人在购买狗碗时直接以美观为唯一标准。但仔细观察一番，你就会发现，同样作为狗狗的餐具，狗碗之间的差别也是很大的。而这差别主要来自狗狗的品种差别。

图 3-10　狗盆

不同的狗，脸型不同，吻的长度也不同，所以选择饭碗时也要找到合适的尺寸，才能不影响进食。例如对脸比较扁的狗，应该给它们选择那些非常浅的碗，这样吃东西才能更轻松。如果你的狗狗耳朵较长,你时常担心它们在吃东西的时候连耳朵一块弄脏,那就给它们选择口径小,容量大的饭碗,窄口径的碗能够保证只有狗的嘴巴可以伸进去。

想要狗狗吃饭更轻松,可以把它们的饭碗垫高,使饭碗与狗狗的下颌同高,这样它们吃饭时头部不得不适当抬起,从而让食物更顺利地下咽,长耳朵也不会耷拉到地上。

那些吻部较长的狗狗,完全可以使用比较深的碗,它们将吻部探出,能吃到深处的狗粮。这样的饭碗容量也比较大,不需要多次给狗狗添加食物。

1. 选择标准

为狗狗准备食碗时需要考虑材质。如不锈钢或陶瓷质地的碗,本身重量大,不容易滑,也不会被狗狗拿来磨牙,从而避免伤到狗狗的牙龈,或者留下牙印无法复原而滋生细菌。

碗的底部防滑也是需要考虑的因素之一。一般来说,食碗上小下大,底部都有橡胶防滑垫,以免狗狗在兴奋时推着食碗到处跑。

有些食碗会设计一些特别之处。如设计成双层,便于清洗;安装了把手,方便取放。有的则针对狗狗吃饭太快易呕吐的情况,添加了慢食设计。它能使狗狗在用餐时遇到一些障碍,从而不得不降低吃饭速度。

由于老年狗狗会受到关节痛的困扰,所以高脚狗碗非常适合它。如果主人工作繁忙,乃至无法及时为狗狗添加狗粮,那么自动喂食的狗碗就解决了这一难题。对于调皮的小狗来说,不锈钢质地、不易打滑,并且容量小的碗是最恰当的选择。这种类型的碗坚固耐用,足以适应小狗的生长,等它长大了,自然要进行更换。

2. 清洁、清洗

我们为狗狗挑选到适合的碗,也要做好狗碗的清洁工作。正如人类在就餐后,都会对餐具进行有效的消毒处理,对于宠物狗的餐具也应该做好消毒处理,最好每周消毒处理1次。如将食碗放在沸水中浸泡,或者使用 0.1% 的消毒水,还可以使用 3% 的热碱水,浸泡完毕后,再用清水冲洗干净即可。

值得注意的是,宠物的餐具是专门用来喂食的,不能用来盛装其他的食物,更不能人狗混用。即使暂时盛装后也要进行清洗、消毒处理,防止细菌滋生,以保证两方的健康。

玩具

对于精力充沛的狗狗来说,宠物玩具能帮它消耗一部分精力，使主人得到暂时的休息（图3-11）。不过有些玩具适合幼犬，当狗狗长大后，就显得不太合适，例如小橡胶球，反而容易被狗狗吞食，应尽早丢弃。如果玩具被狗狗在撕咬中弄碎，碎片容易导致狗狗的喉咙受伤，这样的玩具也应立即清理。

图3-11　狗的玩具

主人给狗狗选择玩具时，应该选择尼龙或橡胶制品，这种材质的玩具耐用、不易破碎。如果狗狗的攻击性不强，也可以选择帆布或毛绒质地的柔软玩具。

为狗狗选择玩具时，可以先观察一下它对玩具的反应，如果狗狗拼命撕咬，并且玩具并不结实，那么你需要更换这个玩具。

对于攻击性不强的狗狗来说，柔软并能发声的玩具更有吸引力。玩具表面设计了孔洞，会比较适于喜欢撕咬的狗狗玩耍。

对于喜欢拖着玩具到处跑的狗狗来说，轻柔的毛绒玩具更加合适。

狗喜欢多种玩具，经常轮换玩具，会让狗狗对玩具充满兴趣，但对它特别钟爱的玩具不要轻易换掉。

狗喜欢的玩具并非一成不变。随着成长,它的喜好会发生许多变化。例如小狗在长牙期间,喜欢能够帮助它磨牙和咬、嚼的玩具,大一点了更喜欢柔软的玩具,拖拽时更舒服,成年狗则更需要结实的玩具。

在诸多类型的玩具中,以下玩具都是狗狗比较偏爱的。

1. 塑料小球

能够弹跳的小球很容易引起狗狗的好奇,球类还能与主人互动,可以说是大多数狗狗都喜欢的玩具(图3-12)。

图3-12　球类玩具

2. 毛绒类玩具

毛不能太长,否则它会撕扯掉长毛,个头不能太大,小狗对于比自己大的玩具不感兴趣。

3. 毛巾

主人可以拉住毛巾的一头,狗狗则咬住另一头,与主人共同游戏会让狗狗开心不已。

4. 橡胶棒

橡胶质地便于狗狗撕咬和磨牙,也是训练的道具(图3-13)。

5. 骨头状玩具

对骨头的偏爱已经深刻地烙印在狗狗的天性中。狗狗看见骨头就会捡起来咬一咬,有些设计还会使骨头玩具散发肉香。

图 3-13　磨牙用品

身份牌

饲养一只宠物,就如同多了一位家人。随着日常相处,感情升温,主人最忧虑的就是狗狗走失。狗狗会因为很多原因走失,比如一时调皮,去了陌生的地方,跟主人失散,或是被人偷了。在这种情况下,任何主人都会心急如焚,

图 3-14　身份牌

也许这时候就会后悔,为什么不给自家狗狗戴上"身份牌"呢?身份牌当然不是万能的,但是如果狗狗走失在外,有好心人收留,就会多一份重聚的希望,甚至是唯一的希望(图3-14)。

吊牌内容应该包括主人的联系方式,如电话、住址,以及必要的补充说明,如拜托联系主人,必有重谢等。有些狗狗不习惯在脖子上有项圈,总会咬下来,这时候主人可不要心软,因为只有当狗狗走失了,你才能体会到后悔莫及的感觉。

既然决定将狗狗抱回家,就要给它提供一个安全的环境,注意点滴小事。有一个惨痛的教训是一只小狗狗半夜偷偷吃食品袋里的零食,结果头部卡在食品袋里没能出来,早上发现时已经窒息而亡了。所以不要疏忽可能的隐患,哪怕很小。

哪些东西很危险

狗狗可能会触碰到高处的易碎和贵重物品,所以一定要妥善放置。有一些有毒的植物要尽量搬走,如室内的花叶万年青、水仙花等,因为狗狗可能会啃咬。狗狗好奇心强,所以剪刀、别针等危险物要放置好,以免伤到狗狗。小物品如笔帽、橡皮等不乱放,以免狗狗吞食。一些家用化学品如衣物清洗剂等应放置好,不让狗狗碰到,如果洒到地板上,请及时清理,否则可能会沾到狗狗被毛上而被狗狗舔食。

室外活动注意事项

户外安全隐患主要来自交通意外,应使狗狗尽量远离街道。在公园玩耍的狗狗,要警惕它啃咬花园植物,因为有些植物对狗狗有毒。如果房子带有花园,请注意花园篱笆,上面可能有缺口和开口,狗狗可能会穿过篱笆,跑到外边。有些花园用的杀虫剂或药丸等化学用品,狗狗看上去可能会认为是美味的食物,但如果吞下去可能会很危险,应该妥善放置。花园篱笆旁边不要放置手推车或其他可能有危险的物品,因为调皮的狗狗有可能撞到上面,造成不必要的伤害。

要有一定的活动自由

狗狗应该每天被安排一定的活动,主人尽量不要随意,心血来潮,带狗狗活动很长时间,或者很长时间不出去活动。运动量要依狗狗的品种、年龄而定。如小型犬每天步行或跑 3

千米左右，大型猎犬有的可以跑 15 千米。外出时，应给狗狗带上牵引绳，牵引绳不应过紧、过松，过紧会影响呼吸，过松容易脱落，可能会造成狗狗被车撞伤或咬伤行人的后果。每天散步时可以变换不同的路线，在宽敞、安全的环境下，可给予一些胶质玩具，让它自由嬉戏。如果是猎犬或警犬，夏季可以带它进行游泳训练，使它的身体更强健、动作更敏捷。

设定"安静角落"

这个安静角落可以挨着它的床铺，也可以是合适的休息处。起初狗狗可能会不适应，但可以通过奖励食物或玩具来慢慢引导它走到那里。刚开始的时候，可能需要花费一些时间陪它在那里待一会儿，温柔地抚摸它并表扬它。如果它能自己走向那里，要奖励它一些零食，表扬它做得对。

三、让狗狗融入家庭

我们做好万全的准备，带着期盼和憧憬，现在就带狗狗回家吧！与狗狗相处，将有许多你意想不到的情况发生，乐趣丛生的同时也有许多小烦恼，不过只要我们准备充分，相信一切都不是问题。

带狗狗回家

狗狗来到新家，最初的日子对它一生的发展都非常重要。因此一旦选好狗狗，除了准备必要的装备外，也要开始制订一些计划。当然，带狗狗回家，选择阳光明媚的晴天比阴天更好，最好是早上就带狗狗回家，这样它可以有一整天的时间熟悉新环境。

带狗狗回家前，不要给狗狗喂食。如果狗狗坐车的话，最好准备一个笼子，或在汽车内铺上旧报纸或毛巾。如果阳光强烈，可以使用遮阳纸，防止车内过热，夏天最好打开空调。凉快的情况下，狗狗相对较安静，也不容易晕车。应该准备一些晕车药，或请兽医给狗狗一点温和的镇静剂。车上应有大塑料瓶，缓解狗狗的口渴。如果路途遥远，应每隔两个小时左右停车一次，让狗狗大小便。因为狗狗喜欢把脑袋伸出车窗，所以刹车的时候注意别把狗狗甩出去。

教会狗狗记住名字

首先，给狗狗起一个清晰、悦耳、上口的名字，不管是表扬、喂食，还是批评它，在你呼唤它时，都要用这个名字。尽量在它很小的时候就开始呼唤它的名字。如果它记住了自己的名字，名字就可以成为吸引它注意力的有用指令。

训练可以使用零食或者玩具。训练方法是先用零食或玩具作为诱饵，在叫它名字的时候，让它看到，它就会自然而然地跑过来。需要注意的是，在不同的情况下，应使用不同的语调。比如夸奖它的时候，可以用温柔的语调，抚摸它并叫它的名字；当它犯错误的时候，要用严厉的语调叫它的名字。

如果拿的是食物，可以直接喂给它，并用手抚摸它，让它感觉到你的友好。如果拿的是玩具，可以先用手拿着给它玩，不要让它轻易抢走，但玩过几次后要给它，让它有成就感。在它吃或玩的过程中，不断地叫它的名字，这样大概五天左右它就会在你叫它名字的时候快速跑过来了。

日常基本照顾要领

狗狗刚到家的头几天，夜间可能会吠叫。这是因为脱离母犬和同伴，它有点不适应，从而需要情绪上的发泄。我们可以尽量忽略它的吠叫，不要过度指责它，应好好地安抚或陪伴。如果异常吵闹，请白天多带它出去玩耍，这样晚上它会因为疲累而少吠叫一些。

饮食上，要选择适合狗狗的食物。在洗澡方面，要慢慢适应，洗完澡要及时帮助狗狗擦干。洗澡要及时，如果长时间不洗澡的话，狗狗身上可能会生跳蚤等寄生虫，不利于狗狗成长。

幼犬可能一天中睡好几次，有时玩着玩着就犯困了，这属于正常现象，帮它收拾好小窝让它睡觉就好了。千万不要以为是狗狗生病了。

狗狗在成长过程中，会有一个掉毛的阶段，这是正常的生理现象,不用紧张,过段时间就会长出新的毛发。

有时会发现狗狗有眼屎,这是狗狗上火了。这可能是日常饮食的疏忽,比如食物里有辣椒,或偏温补的食物多,也可能是天气原因等,需要主人仔细观察,对症下药。

另外,不要给狗狗吃鱼;夏天狗狗也怕蚊子叮咬,请帮狗狗做好防蚊措施。

抱狗的正确姿势

对于出生没多久的小狗,抱的时候需要一手托住它的胸部,一手托住它的臀部。托胸的手分开手指夹住狗狗的两条前腿,用手臂把狗狗夹紧,让它有安全感。

对于中型犬,可以弯着一条手臂,让狗狗坐在上面,再用另一只手臂环绕着它。

对于大型犬,一般可能也抱不动,如果有特殊情况需要抱的话,可以用手臂环绕着把它的四条腿抱拢,托着它的大腿,这样做也可以避免它过分挣扎。

另外还要注意,不论狗狗大小如何,最好不要仰面朝天地抱狗狗,因为这样会暴露它的腹部,这是它相对柔弱的地方,这样的姿势使它没有安全感。狗狗的尾巴、耳朵及背上的皮是狗狗敏感的地方,抓拽会让它很不舒服。颈部的抓握会引起狗狗的窒息和呕吐,所以不要抓它的颈部。

带狗去狗窝睡觉

带狗狗熟悉家里的环境,先带它上厕所,然后将索取回来的带有母狗味道的玩具放在它小床的旁边,让它好好休息,不要摸它。

你可以通过狗狗睡觉的姿势判断它的心理情况。有的狗狗喜欢在桌子下面睡觉,这可能是因为外面的空间太大,让它有种不安全感。有的狗狗睡觉时喜欢背上顶着东西,这是狗狗对危险的警惕性反应。因为狗狗后背没长眼睛,对于眼睛看不到的地方会觉得恐惧。有的狗狗喜欢转几圈再趴下睡觉,这并不是狗狗把自己转晕了才能睡,而是狗的祖先——原古灰狼,习惯于先把野草踏倒,踩出一个窝的形状,才会睡觉。

遛狗是件大事

遛狗是狗生命里面的大事,因为狗狗也要社交。遛狗可以让狗狗与其他狗狗玩耍,学会交流,同时多接触陌生人,可以让狗狗变得更温顺。

狗狗大部分时间都被关在家里，如果缺乏运动，会容易导致肥胖等生理性疾病，还可能因为充沛的精力无处发泄，而破坏家具，或者产生抑郁等心理问题。

无论是大、中、小体型的狗狗，除非是生病等特殊情况，一定要坚持遛狗。尽管上班族很忙碌，也请尽量抽时间遛狗。这也是自己锻炼身体的一种方式，何乐而不为呢？

规律如厕很重要

训练狗狗大小便要从小开始，养成一个良好的行为习惯。当你看到狗狗在地上到处闻，就请注意，狗狗在找地盘上厕所了。狗狗一般要方便的时间是清晨起床后、玩耍后、午睡后、吃食后。如果在户外，可以准备拾便器，或塑料袋和卫生纸。训练步骤如下：

① 先帮狗狗带上项圈和狗链，每天尽量在固定时间出门。

② 可以设定固定区域大小便。如果还没有大小便，就不要继续散步，这样狗狗就可以联想到先如厕再玩耍，也可以解决掉散步一小时还没有大小便的烦恼。

③ 狗狗一旦有排便意向，就要开始鼓励，语言上可以表扬它，可以拍拍它的头，告诉它今天表现不错。

④ 清理狗狗排泄物,这是非常重要的一点,爱护环境从一点一滴做起,留给大家一个干净的环境。

避免狗狗深夜吠叫的方法

吠叫是狗狗的交流方式。吠叫的原因很多,通常有狗狗感到害怕、孤独不安、希望引起主人的注意、听到某种响声、正享受某种乐趣等。当主人能够了解狗狗吠叫的原因时,就能控制狗狗的吠叫。

白天长距离的散步、玩耍,可以使狗狗晚上安静下来。如果吠叫的目的是想引起主人的注意,那么应该给它戴上训练时用的项圈和链子,进行一些服从训练。这样,它得到了你的关注,就会不再吠叫。

如果是幼犬半夜吠叫,可能是对环境不太适应,一般 2～3 天后,就会逐步熟悉和适应新环境而停止半夜吠叫。这种情况下,不要因为它吠叫就训斥它,它也许会暂时停止了吠叫,但却对主人产生了恐惧,对主人产生不信任感。

预防注射和医疗

狗狗在出生时已经接种了疫苗,到新家后要进行第二次疫苗接种,并做全面的医疗检查。有的狗狗会在出生后被植入芯片，这是用一种快捷无痛的方式将芯片植入狗狗皮肤下，使它在丢失的情况下也能被确定身份。如果不想让狗狗生育后代，请咨询兽医并选择合适的时间进行绝育。

狗狗可能会罹患疾病。如果走路一瘸一拐，或不正常吠叫、呼吸困难、眼睛鼻子有不正常的分泌物、过度瘙痒、懒于运动、不想吃饭、突然变得有攻击性等，这些可能是狗狗患病的症状。还可以通过观察狗狗的尿、便情况来判断狗狗是否患病。

在狗狗遇到任何伤害时，要尽快带狗狗到兽医处就诊。在狗狗遇到严重伤害时，你也可以采取一些急救措施，将狗狗置于复苏急救状态：使狗狗右侧卧身，放直头部、颈部，将舌头拉至鼻口部一侧，等待救援。如果有大出血，先用纱布盖在伤口处，用绷带包扎固定。如果伤口有碎片，不要施加太大压力，也不要从伤口处向外拔出，以免造成更严重的出血。

手术后的狗狗可能想要正常活动，但跳跃可能使缝合处崩开，或使骨骼再次错位。所以要鼓励狗狗安静，给它一个可以啃咬的玩具。可以给它佩戴伊丽莎白项圈，以防止它抓挠伤口。

喂药时，要将隐藏的药片混在食物中，确保狗狗吃进去。液体药物要用注射器喂食。

FOUR

如何喂养一只
健康的狗狗

一、狗粮的选择与制作

想要狗狗更健康,合理膳食才能使其营养均衡,不但有些食物不能让狗狗多吃,甚至有些食物狗狗都不能触碰。

合理"膳食"

均衡的饮食应包含蛋白质、碳水化合物、脂肪、维生素和矿物质。相对来说,幼犬需要高含量的蛋白质和钙质,以促进其生长发育;而老年犬可能需要高质量的蛋白质和增加部分维生素。

合理膳食首先营养要全面。对于蛋白质、碳水化合物、矿物质,狗狗的需求量很大,这些物质是狗狗长身体和生存消耗的基础物质,主人要注意为狗狗补充。然后注意适当补充维生素,先考虑质量,再考虑数量。

其次,饮食要适量。狗粮因为很方便而受到主人的欢迎,不过应该根据狗狗的活动量对狗粮做出调整,活动量小的时候,狗粮也要适当地减少一些。注意,狗粮不能过于单一,以免引起厌食,要经常改变狗粮的配方,调剂喂食。

狗狗很难体会到饱了的感觉,所以如果任由狗狗吃,多余的能量就会在狗狗体内作为脂肪储存起来,时间长了,就会发胖,接下来就会导致身体器官出现问题。

第三,考虑食物的消化率。很多食物并不能被完全消化、吸收,如植物性蛋白质的消化率是80%,因此狗粮中这一类营养物质的含量应高于狗狗的日常需要。

第四,讲究卫生。所有食物的材料要新鲜、干净,且易于消化。

第五,注意适口性。狗粮在喂食前最好经过一定的加工处理,提高狗狗食欲,同时要防止狗粮中存在有害物质伤害狗狗。

认识狗粮

狗粮是专门供狗狗食用的营养食品,能提供狗狗生长发育和健康所需要的各种营养物质。关于狗粮的来历,还有一个非常有趣的小故事。1860 年,美国一个叫詹姆斯·斯普拉特的电工去伦敦推销避雷针,在船上的时候偶然发现他的爱犬非常喜欢吃水手剩下的饼干。到了伦敦之后,他就用小麦粉、肉和蔬菜混合制作出了现在我们所见到的狗粮。经过这么多年的不断发展和完善,狗粮具有营养全面、消化吸收率高、喂食方便、配方科学、质量标准以及可以预防一些疾病等优点。狗粮的种类也越发多样,大致可分为膨化粮和蒸粮两大类。

狗粮中的物质成分主要为玉米、脱水家禽肉、甜菜浆、蛋粉、大豆油等。其中各成分占比的平均值为:

蛋白质:32 %

脂肪:4 % ~ 12 %

粗灰粉:6.3 %

粗纤维:2.8 %

钙:1.0 %

磷:0.85 %

狗粮的种类繁多,故而没有统一的划分标准。下面简单介绍两种比较常见的分类方法：

第一，按照水分含量，狗粮可分为：干型、半干型、软湿型和湿型四种。

第二，按照狗狗的生理阶段则可分为：幼犬期狗粮、成犬期狗粮、妊娠期狗粮、哺乳期狗粮、老年期狗粮。

此外还可以按照狗粮的功能用途、营养物质含量、品牌产地等标准划分。

以上都是成品狗粮，买来直接就能让狗狗食用。除了成品狗粮之外，主人还可以选择自制狗粮。

不论是成品狗粮还是自制狗粮，都要按照一定的配方制作，以保证狗狗所需要的各种营养成分均衡合理。狗粮的配方不是各种原料的简单混合，而是专业人士根据狗狗的不同种类、不同生理阶段、不同营养要求而设计出的具有科学比例的复杂营养配合。如果是自制狗粮，也要根据情况调整配方，搭配合适的食材。

成品狗粮使用要点

用成品狗粮喂养狗狗比较方便，营养也基本均衡，所以大多数养狗人士都选择用成品狗粮喂养狗狗。但是不同的狗粮其配方也不一样，各营养成分的比例不相同，所达到的效果也就不一样。狗狗处在幼年阶段时，身体需要发育，需要大量的蛋白质和钙，搭配食物时应以蛋白质和钙含量较高的食物为主。而处在衰老阶段的狗狗，搭配食物应提高蛋白质和维生素的比例，并增加水分的摄入。

所以，在选择狗粮之前，要充分考虑到狗狗目前的状况，是幼年还是成年，是大型犬还是小型犬，目前缺少哪种营养等。

不要盲目选择狗粮。成品狗粮包装袋上有详细的产品信息，如适用阶段、产品原料、换食方法、保质期等。在选之前要仔细阅读狗粮包装袋上的产品说明，看其适合什么类型的狗狗，然后根据自己狗狗的情况挑选合适的狗粮。合适的狗粮对狗狗的健康非常重要，如果挑选的狗粮不适合狗狗食用，可能会对狗狗的发育和健康产生不利影响。

另外，需要注意的是，一般的成品狗粮所含水分较少，因此需要额外给狗狗补充水分。

亲手做"狗粮"

有些观点认为自制狗粮营养不全面，其实并不准确。相关人员研究发现，同性别的 45 天大的狗狗，完全吃自制狗粮和吃买的狗粮相比较，吃自制狗粮的狗狗毛色更好、体型更大、身体更健康、耐久力更强。可见，关键不在于狗粮的来源，而在于营养是否全面均衡，是否既适量又适当。

不过，自制狗粮，是需要建立在对狗狗的营养需求、不同食物的营养价值以及狗狗自身的饮食习惯相当了解的基础上的。自制狗粮还涉及食物制作、储存的方法，这就需要大量的时间、经验以及专业知识。

下面的食谱推荐给想自制狗粮的主人们。

① 鸡架 60%，土豆 10%，小米 10%，鸡肝 10%，紫菜 10%。

② 羊肉馅 60%，小白菜 10%，小米 10%，胡萝卜 20%，大蒜一瓣。

③ 碎猪肉 60%，猪血 30%，小米 10%，大蒜一瓣。

④ 牛肉 60%，胡萝卜 15%，紫菜 10%，小白菜 15%。

一周的某两天单独喂一个鸡蛋，一周的某两天单独喂一个带肉的猪脊椎骨，最好是大块的。以上的食物都须为煮熟的，以方便犬的食用。

主食和零食

除了主食之外，主人们大多还会喂给狗狗零食，零食也是狗狗的食物来源之一。狗狗的零食种类繁多，主要包括肉干类、奶制品、香肠类、洁齿类和咬胶类。这些零食中不仅包含狗狗所需要的各种营养成分和微量元素，而且还能起到一些特别的效果。例如咬胶类的零食通常用牛皮制成，可以用来给狗狗磨牙和消磨时间；洁齿类的零食则可以消除狗狗的口臭；另外，零食也可以作为训练狗狗时的奖励物，既达到了培养狗狗习惯的效果，还能增进和狗狗之间的感情。在选择零食的时候，不仅要根据狗狗的喜好，还要考虑到狗狗目前的状况，尽量使营养均衡。

零食虽然有诸多功效，但食用零食也要有限度，否则会对狗狗产生不好的影响。首先，主人要适当控制，不能无限制地给狗狗提供零食。零食吃多了，狗狗容易肥胖和患病等。其次，零食不能代替主食。零食中虽然也含有各种营养成分，但毕竟量少, 主要的营养还要由主食来提供。另外, 还要考虑零食与主食之间的比重, 如果狗狗今天吃的零食较多, 就要适当减少主食的量, 不然会有过度进食的危险, 对狗狗的身体也是一种负担。最后, 不要天天给狗狗吃零食。零食可以作为训练时的奖励物, 如果天天给狗狗零食吃, 狗狗也就不稀罕了, 训练时也不会很积极。

总之, 在零食与主食之间, 应以主食为主, 零食为辅。零食与主食相辅相成, 既能保证给狗狗提供充沛均衡的营养, 还能达到驯犬、磨牙、洁齿、培养狗狗习惯等效果, 让狗狗健康成长。

狗粮储存方法

狗粮是狗狗的主要食物, 狗粮是否新鲜, 直接影响到狗狗的健康。狗粮中含有各种营养成分, 如果保存不当, 很容易发霉变质, 尤其是在夏天。如果让狗狗误食了变了质的食物, 会导致呕吐、腹泻, 时间长了还会引起肠胃炎等疾病。因此, 正确地存储狗粮非常重要。

对于开了封的狗粮, 密封性一定要做好, 应尽量减少其与空气接触的机会。因为狗粮中的一些营养物质与空气接触会发生氧化，加快狗粮的变质。如果是散装狗粮，买回来要尽快放入专用的储粮桶中，密封保存。但切记，不能把狗粮直接放入储粮桶，因为之前狗粮残留的脂肪和油脂会沾染到新买的狗粮上。应该先把储粮桶洗净晒干之后放入干燥剂，然后再放入狗粮。确保狗粮的密封性良好之后，还需把狗粮放置在阴凉通风的地方，保持干燥。如果是罐装狗粮，要放在冰箱中，也要保证密封性良好。此外，在购买狗粮时，应尽量少买，不要一次性买太多，尤其是夏天，不易保存，容易变质。

狗粮喂养的误区

喂食狗粮就是简单地把狗粮放在狗碗中吗？很多人都是这样做的，把狗粮放在狗碗中然后就不管了，这其实是不对的。对很多狗来说，它们不能控制自己的食量，尤其是小狗。你喂多少狗狗就吃多少，并经常表现出还想吃的样子。这其实是狗狗表现出的对食物的欲望，是很正常的现象，并不是说狗狗没有吃饱。如果主人们不能辨别这一现象，继续给狗狗喂食，将会对狗狗的身体造成不好的影响。

用不正确的方式喂养狗狗等于是在谋杀，以下是喂养狗狗的几个容易忽视的事项：

① 用成品狗粮喂狗狗时不需要加热。如果是罐装的狗粮，刚开封时不需要加热，因为在封罐前是经过严格灭菌处理的，直接喂食狗狗就行。如果罐头里的狗粮没吃完，放入冰箱保存，再取出时可以加热一下然后喂食，温度加热到50℃即可。

② 含盐量较高的食物不能喂食，如咸鱼、虾米、腊肉等。适量的盐分可以补充狗狗体内所需，但摄入盐分太多，对狗狗来说非常危险，会导致脱毛和一些皮肤疾病。

③ 辛辣的食物如辣椒、芥末等不能喂狗狗，会导致口腔、肠胃溃烂。含有洋葱的食物也不能喂，洋葱对狗狗的血液来说有强烈的毒性。

狗狗不仅是宠物，还是我们重要的伙伴。在喂养过程中，一定要多加小心，避开一些误区，才能保证狗狗健康地成长。

二、不同阶段狗狗的喂养及注意事项

让狗狗保持健康的关键在于喂食适量、适当的食物。要根据狗狗的体型、年龄来确定喂食量，做到营养全面均衡。配方全面的狗粮非常便捷，通常按年龄分为幼年、少年、成年、老年等不同类型，购买前主要要注意喂食说明书。如果喂食狗狗新鲜食物，要考虑食物结构的合理化。

狗狗需要两只碗，一只用来盛食物，一只用来装水，要保证有新鲜的饮用水。碗的材质最好是不锈钢的，不但可以彻底清洗，还要能经受住狗狗啃咬。

狗狗喜欢气味、口味强烈的奖赏食物，可以选择狗粮、奶酪、肉、香肠等。如果给了狗狗很多奖赏食物，那就要适当减少正餐的用量,不然很可能进食过量。在食用咀嚼物时,主人不要远离,要随时清理它啃下的小碎块,避免它吞下引起窒息或堵塞消化道。

骨头和牛奶对狗狗的特殊性

众所周知,凡是狗狗,就没有不爱啃骨头的。对于狗狗来说,啃骨头是重要的补钙方式。如果我们科学喂养狗狗,使狗狗饮食平衡,健康成长,那么它已经吸收了足够的钙质,即使如此,给狗狗一根骨头,它仍然会"欣喜若狂"。

啃骨头,可以锻炼到狗狗的下颌骨、清洁牙齿,最主要的是,这根骨头是它最爱的"玩具"。有些心疼爱宠的主人对狗狗过于娇惯,一旦了解狗狗对骨头的钟爱,就直接把吃剩的碎骨头,或者生骨头扔给狗狗吃,殊不知过犹不及,狗狗吃这些骨头的时候,会对身体健康造成很大的危害。

① 鸡骨头、鱼骨头、兔骨头、排骨或鱼刺等这些骨头的刺都比较尖、比较小,狗狗在嘴里咀嚼后,很容易划伤食道,还可能导致腹泻、大便带血丝的问题出现。

② 吃太多容易导致便秘。一般在磨牙期的时候给狗狗吃

一些。长期吃骨头会导致便秘，给狗狗带来痛苦，并导致肠胃功能失调。

③ 小块的骨头容易使食道梗塞，严重的会引起窒息。小块的骨头、碎骨头，狗狗可能直接吞下去，如果卡在食道里面，没有及时取出来，狗狗可能会窒息死亡。这样的事情时常出现，还是小心点为好。

④ 感染寄生虫。生骨头非常不卫生，表面有很多寄生虫，长期食用的话，可能会染上寄生虫或其他疾病，所以不建议给狗狗吃生骨头。

⑤ 牙齿坏掉。有些狗狗很心急，看到骨头就想赶快吃完，如果是一整根骨头那就更着急了，情急之下很可能损坏牙齿。本来啃骨头可以清洁口腔，这下却损害了牙齿，得不偿失。

所以，如果我们想给狗狗一根合适的骨头，还是需要费一番功夫，把骨头煮 5～10 分钟，时间不能过长，否则骨头变脆也不适合食用。

牛奶是补充营养的食物之一，对于那些刚断奶的幼犬来说却并非必需。牛奶和狗奶的成分有很大不同，狗奶蛋白质含量远高于牛奶和奶粉，而牛奶和奶粉中的高糖反而会引起幼犬拉稀。如果狗狗喝了牛奶以后出现放屁、脱水、腹泻、皮肤发炎等症状时,应立即停止喂食牛奶。

不同年龄,不同方法的喂养

不同年龄的狗狗需要的营养成分不同, 所以在喂养的时候, 喂养方法也不同。但不管哪个年龄段的狗狗, 都需要均衡的营养。均衡的营养要包含蛋白质、碳水化合物、脂肪、维生素和矿物质。

1. 2月大幼犬的饮食要点

小狗狗刚出生时吃母乳, 一直到长牙的时候, 就可以断奶了。这时候可以喂一些流质的食物,比如加温水调成糊状的肉食, 或把幼犬干粮加热水泡软。到了 2 个月的时候, 狗狗就可以直接食用幼犬狗粮了。

如果此时我们领养幼犬, 应尽量了解原主人喂给幼犬的食物种类、频率和分量。最开始,应保持原样,然后慢慢调整幼犬的饮食习惯。对出生没多久的小狗崽来说, 骤然更换了环境, 又更换了主人, 连食物也全都变了, 远道而来, 很可能出现"应激反应"。幼崽体弱,容易引发疾病。

幼崽是非常可爱的，让人忍不住想拿出最好的东西给它吃，但这样的"溺爱"往往会忽视幼崽的消化能力。这个时期的狗仔的食物应该柔软、容易消化，应选择高蛋白食物再加上蔬菜等（参照 4~5 个月婴儿的菜单），还可加入适当钙粉，滴入 1~2 滴维生素 A、维生素 D。

总的来说，幼犬需要高含量的蛋白质和钙质，以促进其生长发育。幼犬通常需要一天三至四餐，每餐少量。

2. 3 月大幼犬的饮食要点

狗狗 3 月龄的时候，食物成分和数量基本上和 2 月龄相同，但由于狗狗一天天在长大，所以应该每隔三五天就要增加 1/5 的食物量。此时，狗狗开始调皮，可能会吃进一些危险的小东西，如纽扣、针之类，这样很容易损伤胃肠黏膜。如果狗狗有剧烈呕吐的情况，请及时送宠物医院检查是否吞噬了异物。

3 个月的幼犬应该培养它规律饮食的习惯。喂食时间一般安排在白天，早餐在上午八点进行，午餐在下午一点左右，晚餐可以在下午六点时进行，基本与人的一日三餐时间相同。

3. 4 月大幼犬的饮食要点

狗狗 4 月龄后，会需要更多的钙质。如果没有得到足够的钙质，可能会发生佝偻病，出现四肢长骨变形、关节肿大的情况，甚至出现"O"形或"X"形腿。这时不仅要在食物上用心，还要带狗狗晒太阳，补充钙质。另外，应该选择比较柔软的草地或泥土地遛狗，遛狗时间不要太长，防止运动量过大。

幼犬的成长规律由遗传决定，身体各部位也不是均衡生长。从出生到3个月大，体重和身躯明显变化，4~5个月时，体长明显增加,7个月后体高迅速增长。

对幼犬的喂养，要注意均衡饮食，也要保证足够的营养，还要顾及小狗的肠胃抵抗力较差的特点，因此购买专门适于幼犬食用的狗粮是个比较省心的选择。

4. 5~8月幼犬的饮食要点

这个时期的狗狗应适当增加食物的量，尤其是增加米、面、豆类等食物的分量。这些食物可以提高狗狗对植物蛋白的消化率，而植物蛋白可以增加皮毛的光泽度。牛肉、鸡肉等肉制品对狗狗的皮肤有益。5月龄的狗狗，千万不能直接喂食生肉块，因为此阶段狗狗味觉灵敏，如果习惯了血腥味，以后就不好喂了，"兽性大发"时还可能攻击人类或其他动物，具有极大的危险性。狗狗6~7月龄时，食物品种同以前比没有太大区别，只是食量增加了，可以说是狗狗一生中食量最大的时候，平均下来，每餐都要吃下直径 10～15 厘米的满满一汤碗食物。

5～8 个月是幼犬重要的成长期。这个阶段的喂养应该满足犬类的各种营养需求。值得注意的是，犬种不同，食量不同，主人在喂食时应该分别控制好分量和次数。

5. 饲养青年犬的注意事项

一般来说，狗狗 8 月龄时，体型已接近成年犬了，但内脏器官仍在发育。所以应继续喂给狗狗足够的营养物质，并可以适当添加蔬菜、水果，促进狗狗的消化吸收功能。成熟犬要一天两餐，每餐适量，不要只喂一次大餐，否则会增加它的消化系统负担。

当幼犬已经接近成年犬的大小和体重时，喂养就应该逐渐向成年犬的标准转变。这种转变大约需要一周的时间。

未成年时，幼犬需要高营养的食物完成发育，促进肌肉、骨骼、器官的生长。一旦长成，这种高营养的食谱就会导致饮食过量，如引起肥胖，甚至导致骨骼变形。

主人在喂养狗狗的时候，最好检测狗狗的体重以及身体各项指标。一个简单的方法是检查狗狗肋骨上覆盖的脂肪，如果明显过厚,那么您的爱宠就需要减肥了。

6. 成年后的狗狗如何喂养

犬种不同,幼犬步入成年阶段的时间也不相同。在小型犬中,母犬1岁就停止发育成年了,公犬要18个月才算成年。在中型犬和大型犬中,母犬都是18个月成年,公犬24个月成年。值得注意的是,这个标准是繁殖的标准,性成熟并不表示体成熟。

对成年犬来说,饮食能量需求与运动量紧密相关。如果您的狗狗生活在户外,运动量极大,每天活动量超标,或者生活在室内,每天只能按标准有规律地运动,这两种情况下狗狗的能量需求是完全不同的。

为了狗狗的健康考虑,如果饮食能量太多,入大于出,那么您就会看到狗狗一天天变得肥胖,相反,狗狗如果摄入能量不够,则会成长为一只身形偏瘦的成年狗。

另外,如果您的狗狗还肩负一定的工作,这也会影响它的饮食营养需求。

总之,作为狗狗的主人,我们要经常观察它。胖了,就适当减少零食和肉食供应,瘦了就增加营养。在您的精心呵护下,狗狗就会眼睛明亮、身姿矫健,完全不用为它的健康担忧。

对大部分成年犬或 9 个月龄以上的狗狗来说,可以每天喂两次或两次以上。

而对于成长中的青年犬、生病的犬以及还在恢复中的犬要视具体情况而定,进食量和次数各不相同。

7. 对于年老的爱宠如何喂养

老年犬特别需要高质量的蛋白质和增加部分维生素。因为老年犬的肾功能在下降,水分被过多排出,甚至可能导致脱水,所以尽量喂食老年犬湿粮以补充水分。喂食湿粮的老年犬更需要定期清洁牙齿。

随着活动量的减少,老年犬的喂食量也要减少,重点是不要引发肥胖。肥胖的老年犬,会在心脏、肺、关节部位有健康隐患。有些狗狗的消化系统也在衰退,体重有所下降,我们应尽量给它们准备容易消化的食物。

有些老年犬可能会有颈椎病,主人可以调整食盘的高度,以方便它食用。

有些老年犬也许患上了心脏病,那么就要减少盐的食用。

有些老年犬患上了肾病,那么就要减少蛋白质的摄取。

狗狗用一生陪伴我们，在它的身体变得衰弱时，饮食上小小的调节很可能就会帮助它们缓解疾病，让它们陪伴我们的时间更长一点。

8. 繁殖期母犬饮食要点

一般来说，怀孕的母犬应从其怀孕后第15周起，饲喂量每周要比平时增加10%～15%，生产时要比平时多50%，但怀孕初期如果喂得过多则可能导致肥胖，并可能影响生产。也就是说，怀孕期的前2/3的时间里，母犬只需要增加少量进食，因为前期胎儿生长得较慢。胎儿主要的生长阶段是最后三周，这三周中能量的摄取量应比普通犬多15%。

怀孕时由于子宫占据了腹部大量的空间，使胃部不能正常舒张，所以应少量多餐，保证食物高营养、可口，以满足其需求。为防止母犬便秘，可加入适量的蔬菜。

哺乳期的母犬对营养的需求会大大增加，它可能会食用相当于普通母犬3～4倍的食物，以便为仔犬提供足够的奶水并保证自己的身体状况良好。哺乳的高峰期（约3～4周），仍需要少量多餐（每天约3～4次），并且食品应美味、有营养，如果可以做到，深夜也可以喂一次。此时的母犬能吃多少就可以喂多少，不会使它增加体重。一般分娩后最初的几天，母犬会

143

食欲不振，应该喂食少而精的易消化食物，4 天后食量会逐渐增加，10 天后会恢复正常。在营养成分上，要酌情增加新鲜的肉类、鱼肝油、骨粉。要经常检查母犬的乳汁情况，如果泌乳不足，可喂给红糖水、牛奶等，或者将亚麻仁煮熟，喂给狗狗，以增加乳汁。

除此之外，应保证这一时期有足够的饮水。

那些狗狗不宜吃的食物

有些食物会危害到狗狗的健康，严重的可能会使狗狗中毒死亡，下面这些食物绝对不要让狗狗碰。

1. 巧克力

巧克力含咖啡因和可可碱，这种成分会对狗狗的心脏和中央神经系统造成威胁，如果过量摄入会导致中毒死亡。

2. 洋葱和大葱

这两种食物中含有的成分，可能会破坏狗狗的红细胞，造成贫血。

3. 鸡骨头

鸡骨头为中空骨，既锋利又细小，咬碎后容易裂成尖刺，刺伤口腔和肠道。

4. 牛骨和猪骨

它们会磨损狗狗的肠道，如果骨头粘在一起，还会阻碍肠道系统的运作。

5. 发霉的食物

容易引起肌肉抽搐及萎缩，继而死亡。除了不给狗狗吃，也要防止狗狗从垃圾袋中翻出来吃。

6. 生的或未完全煮熟的食物

不熟的食物内可能含大量细菌及寄生虫，狗狗吃了可导致严重的身体问题。

7. 油腻的食物

高脂肪量会引起肥胖和可能使胰脏发炎，进而危及生命。

8. 甜味、辛辣食品

甜味食品容易使狗狗患上糖尿病及肥胖，辛辣食品容易令狗狗味觉麻痹。

9. 虾、蟹

这一类海鲜食物容易导致狗狗腹泻、体内长寄生虫。

10. 盐

虽然少量的食用盐对狗狗有好处，但即使少于茶匙一半的盐对狗狗来说也是致命的。

11. 菇类

最好不要让狗狗养成吃蘑菇的习惯，以免在野外误食有毒蘑菇。

纠正狗狗挑食的陋习

如果狗狗营养摄取足够，其实不必为狗狗购买零食，很多狗狗因为吃了零食反而更容易挑食。如果已经有了挑食的坏习惯，就要从以下几方面注意。

1. 专心用餐

给狗狗限定 30 分钟的用餐时间，时间一到就收走，想吃只能等待下一次的正餐时间。不要让狗狗养成想吃就吃、不想吃待会还能吃的坏习惯。

2. 禁食

狗狗耐饿不耐饱，可以饿一饿狗狗，让它停食一天。但在这期间，要给足干净的水，一般第二天食欲即可恢复。为保证其旺盛的食欲,每周可停食一天。

3. 增加运动量

　　一般小型犬在室内活动即可满足其身体的运动量,但大型犬必须到户外锻炼,每天至少让其跑 5 ~ 10 千米。狗的食欲提高了,自己带狗狗锻炼的过程中,主人的体重也减轻了,一举两得。

4. 更换食物

　　注意避免喂单一食物,想办法更换食物的种类。有的狗狗挑食是因为体内缺乏某些微量元素,一般缺锌元素会厌食,食欲下降。如果是这种情况,可适量补充微量元素,改善肠胃功能,提高食欲,从根本上解决问题。

　　狗狗一般都有着很好的记忆力和条件反射,因此,长期坚持同一时间、同一地点喂定量的食物,它们就会慢慢形成固定的生活习惯。到了开饭时间,就会自然地等待狗粮的出现。而且在喂食前,口腔内也会分泌唾液、胃里分泌消化酶。这样做,可以避免狗狗暴饮暴食的行为,也能促进狗狗对食物的消化吸收,提高狗粮对狗狗的适口性。

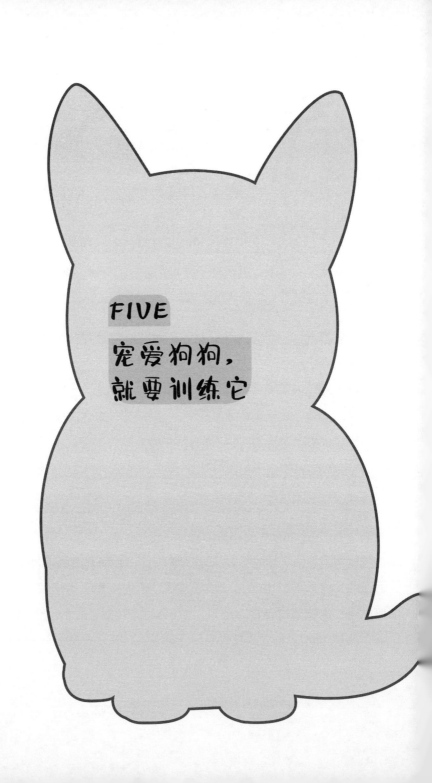

FIVE

宠爱狗狗，
就要训练它

一、为什么狗需要训练？

　　主人们有时出于对狗狗的宠爱，舍不得对狗狗进行训练。的确，训练需要主人付出一定的时间和足够的耐心，并要坚持，也需要狗狗的配合。但只有给予必要的训练，狗才能和主人、其他家人和睦愉快地共同生活，减少各种事故和意外的发生。通过训练，主人要明确告诉狗狗哪些该做，哪些不能做，并使之掌握一些特殊的技能。

你对它有什么期望？

　　狗狗的祖先原古灰狼是野生动物，驯化是让它们进入人类社会生活的必要环节。狗狗在人类社会中生活，接受训练是必不可少的前提条件。不经过训练的狗无论对主人还是对它本身,对周围的人和动物都是具有危险性的。

未经训练的狗,总是用狂吠来表达它的情绪,甚至无缘无故地长时间吠叫。它们虽然聪明,但并不能直接理解人类的行为意图。主人如果不能及时、有效地制止这种吠叫,就会招致邻居的抱怨和投诉。当这种抱怨日积月累,宠爱狗狗的主人难免会对狗狗产生失望的情绪,虽然它很无辜,但主宠之间感情的裂痕会让狗狗也敏感地感觉到。

有些狗狗过于活泼,它们遇到人以后,分不清是坏人还是客人,总会忽然扑过去。如果被扑的是小孩子和老人,就容易发生意外,引起纠纷。即便是家人,忽然被扑一下,衣服被蹭脏,也会心生不悦。虽然这是狗狗在表达热情和喜悦,但主人如果不能有效控制狗狗的行为,就会带来麻烦。

宠物本来是给我们带来欢乐和爱的,但如果不对它进行训练,它就会成长为一只被溺爱的狗。吃饭的时候蹿上饭桌,随地大小便,拖着主人撒野,因为贪吃而被人拐走⋯⋯我们爱宠物,但一定要明白什么是爱的正确方式。

相比未训练的狗狗,经过训练后,它们更可能不挑食、不会吃路边的食物、对陌生人有温和的举动、能接受不同的响声⋯⋯这些都是狗狗社会化的重要内容。更重要的是,在一次次游戏中,狗狗会不断地增强对指令的辨识能力、对身体的

控制能力及思考能力，也会越来越懂得与人合作，而每次只需要简单几分钟的时间，

这样一只训练有素、彬彬有礼、完全服从主人命令、贴心、懂事的狗狗，谁会不喜爱它呢？它不会因为贪玩与主人失散，不会乱吃食物被毒死，不会乱跑被车撞到，不会乱叫被邻居投诉，不会乱扑伤害到路人引发赔偿……

只有通过良好的训练，狗狗才会真正融入我们的家庭生活，并且帮助我们改善与家庭成员的关系、缓解工作压力、养成良好的运动习惯，让我们感受到有狗狗的生活才更加健康。

训练之前要读懂狗狗的身体语言

有时面对可爱的狗狗，想要板着脸，或者语气重一点非常难以做到。但是，当狗狗做出一些不恰当的行为，也会让我们觉得非常懊悔和丢脸。主人和狗狗要互相理解，在开始训练前，彼此懂得对方的语言很重要。主人要读懂狗狗的行为，也要让狗狗明白我们的意思。

首先，每只狗狗的性格和领悟力是不同的。当我们想要向狗狗下达指令的时候，最好选用简单的字词，并坚持使用，不轻易更改。例如，当看到它做出了不被允许的事情，可以用一个短促而强硬的"不要"来制止它，而不是自我陶醉式地讲解

半天。如果狗狗听从命令，停止了错误行为，就要立即给予奖励，这样它就会很容易明白你的意思。

语调的高低也很重要，低沉、吼叫的声音会让它知道它做错事了，轻快的语调会让它知道自己将会得到奖赏和爱抚。

还有，手势和语言要保持一致。眼神交流也很重要，但不要长时间注视，这会被狗狗认为是威胁。

其次，要熟悉和了解自己的狗狗，尤其要了解狗狗感到放松或感到紧张是怎样一种表现。狗狗放松的姿态是：表情安静，耳朵前伸，尾巴与背部基本持平，并轻轻摇摆。如果狗狗恐惧或焦虑，它会耷拉着耳朵，尾巴夹在两腿间，身体僵硬，会有打哈欠、舔鼻子的动作。如果狗狗弓起背部、尾巴直立，则意味着它有些担心，在试图让自己变得强大，想要发起进攻。

我们在训练中势必会使用奖励和惩罚，但原则上还是要多鼓励、少训斥。我们要反复纠正它错的行为，作为智慧远高于狗狗的人类，我们有很多方法让它明白什么是对的，什么是不可以的。双方互相理解是训练取得进展的前提。

最后，不要轻视狗狗的感受。狗狗非常坚定地认为自己是整个"家庭"群体的一员，它坚决执行作为首领的"主人"的命令，当做错事时也会急于想毁灭证据。它会带给我们很多欢乐，训练会帮助它更快融入整个家庭。

二、训练的方法和技巧

狗是非常聪明的动物，但是训练不能一蹴而就。主人在训练前应尽量摆正心态，虽然我们很想让狗狗听懂命令，但这需要一段时间。要循序渐进，并讲究一定的方法和技巧。

基本训练思路

我们训练狗狗的目的是使狗狗适应与人类共同生活的环境。"打骂"不是目的，也不能辅助训练，所以训练要以奖励为主，不要让狗狗对训练产生不愉快的印象。只要狗狗做到了，即使做得并不完美，主人也一定要奖励和夸奖，让它知道你的认可。这种奖励应该是及时的，因为我们的狗狗虽然很聪明，但如果奖励或惩罚延时，都会让它们感到莫名其妙。例如你的狗狗白天在家咬坏了沙发，而你下班回到家发现后决定惩罚它，指着它训斥一顿是没用的，因为它并不明白这顿训斥是和白天的咬坏东西联系在一起的。这只会让它觉得无辜和委屈。

经常夸奖和抚摸对狗狗很重要，它将主人的关注与抚摸视为奖励，但夸奖也要选择正确的时机。比如狗狗的动作做对了，表现确实很好，对训练兴趣十足，那么就需要夸奖。如果动不动就夸奖，会使狗狗很迷惑，起不到夸奖的作用，所以要避免多余的夸奖。

惩罚是训练中必不可少的手段，但惩罚不代表殴打和恐吓。惩罚的目的是让狗狗明白你的不满，而不是伤害狗狗，你只需用失望的口气或手势说"不要"它就会明白你的意思。当然，语气一定要有权威感，毕竟你是它的主人，它也必须懂得这一点。

训斥和吼叫有时候也有效，但带有负面作用，例如时间长了，它会对打雷、喇叭等噪声感到恐惧。惩罚时的态度一定要坚定，不能用哄的语气，例如"别闹了，好了别闹了"，语气温柔反而会被狗狗当作是一种奖励。

体罚是绝不可取的。当你一旦抬手打它，无论何种方式，它都会迅速记住这种恐惧。即使下一次你是抬手抚摸它，它也会感到紧张和恐惧，所谓"恐手症"就是来源于此。因为害怕但不得不接受的心理会使得狗狗缺乏安全感，可能会攻击比它弱小的老人、小孩，甚至发生更严重的事件。虽然不能体罚，但也绝对不意味着出现错误要视而不见。当出现了狗狗"不应该做而做"的事情时，要坚决予以纠正，以防再次犯错误。如果事后才"算账"，狗狗就会不明白被纠正的原因，可能以后还会犯类似错误。而且不明原因的训斥，也会使狗狗丧失对主人的信赖，不利于感情的培养。

训练时，要注意口令最好简短、易记忆，同时要尽量避免发怒的口吻，尤其是对于敏感的狗狗。训练不可能一蹴而就，需要不断重复口令，进行多次训练，狗狗会在不断的练习中逐渐形成记忆，并形成条件反射。当然，狗狗的能力不同，所需要的训练次数不同，即使狗狗天赋较差，只要经过努力，也一样可以达到训练目的。口令以语言发号，用牵引绳、嘴栓等用具来进行强制，可以加强命令，更好地传达训练目的。

对狗狗的训练应该贯彻于它的日常活动，随时随地可以进行。无论在散步、吃饭还是休息时，主人都可以耐心地告诉狗狗哪些行为是被鼓励的，哪些是不可以做的，在不停的训练中，它会逐渐形成并强化记忆。

另外，不要羡慕"别人家的狗"，每只狗的天赋和能力不同，训练适度即可，不要为了"更优秀"而加重狗狗的负担。

基本训练方法

为使狗狗能对训练目标形成条件反射，主人就要正确使用奖励、禁止、诱导、强迫等手段，这是提高狗狗能力、达成训练目的的关键。

奖励是强化狗狗动作的重要手段，包括口令和抚摸。在训练初期，对狗狗每一个准确的动作都要给予奖励，以抚摸奖励为主、食物奖励为辅。

禁止通常用于制止狗狗的不良行为，发出的指令要及时，并配以严肃的表情，当狗狗停止后，应给予奖励。

诱导是利用一切时机和狗狗感兴趣的东西来诱使狗狗做目标动作的手段。如用食物、物品、主人本身的动作等，使狗狗做出坐、卧、跑等动作，对于幼犬，这种手段更适宜。

强迫是当狗狗已经领会了动作但不执行时使用的手段。值得注意的是强迫必须与奖励结合，奖励能使狗狗的动作得到巩固，并消除强迫带来的负面作用。注意强迫不宜过多使用，否则会发生害怕主人或逃避训练的现象。

成功的关键

养猫或养狗，大家都自诩为"铲屎官"。不同的是，猫的主人总会被戏称为"猫奴"，但狗的主人不会有这样的称呼。

在野外形成的狗群中会有三种地位：前面、中间、后面。群体里每一只狗都会严守自己的地位：较弱的在狗群最后，强一点的是大部分，在中间，最强也是首领的狗狗永远在队伍最前面。狗由原古灰狼进化而来，天生就有阶级感，它们懂得领导和追随的关系。当狗群进入陌生领地，后方较弱的狗感到不安时，首领的果断和平静会安抚整个狗群。而当后方的狗在危险来临不断吠叫报警时，首领也会立刻掉头，站到最前方面对危险，进行战斗。

了解了自然赋予犬类的天赋，你会更加理解狗的行为特征，也会调整自己的行为，使训练更加顺利。

当我们带着狗狗去户外，当我们和狗狗自然而然融为一个群体，这时候领导和追随的角色一定要分清楚。当主人没有这样的自觉时，冲在前面的狗狗就会因受惊而冲动狂吠甚至扑咬出现在面前的陌生事物。

群体中的角色不会随意更改，我们在驯养狗狗的时候，也要认清这一点，我们是主人，也是狗狗所认定的群体的首领。首领需要有怎样的表现，作为狗狗主人的你清楚吗？

当我们理解了各自的角色，就会明白什么是正确的方式，而狗狗也会变得更加聪明、更加勇敢，也更加懂事有礼了。

狗狗经过训练后，完全可以做到定点排便，并能执行基本的口令，学会保持安静、不扑陌生人、与其他狗狗和睦相处、与孩子愉快地玩耍等。下面来看看如何训练出这样一只乖狗狗吧。

学会独处

我们知道，第一天送小孩子上幼儿园是非常艰难的，他们会大哭大叫，不想和父母分开。这是学龄前儿童常见的情绪障碍，即"分离性焦虑症"，顾名思义，也就是因分离而产生焦虑。很多时候，动物也是如此，尤其是依赖着主人的狗狗。很多主人溺爱宠物，狗狗感觉自己能够随时得到主人的奖励和关注，一旦分开，就会吠叫不已，甚至产生破坏行为。

因为工作的原因，我们不得不把狗狗留在家里，也时常好奇，狗狗自己在家会发生什么事呢？有调查显示，很多狗狗独自在家会感到非常孤独和焦虑。它们的表现有吠叫、哭、难过，撕咬家具、狗窝，而主人一回家，它们就激动得发抖。这样明显的表现说明狗狗的分离焦虑已经很严重了。

为了避免这种情况的发生，我们必须让狗狗学会独处。

首先，一定要控制相处的时间，不要24小时黏在一起。即使你时刻想着和小狗玩耍，但一定要明白，你不可能一直随时陪着它，总要去上学、上班、出差或者度假。对于幼犬，这种分离会比较辛苦，等幼犬长大一点，如8个月接近成年时情绪就会稳定很多。

其次，帮助狗狗建立自信。离开的时间从10分钟到一两个小时，逐渐延长。狗狗会逐渐习惯主人消失一段时间，或者知道你即使没有在它面前，也仍然在某个房间，它会耐心等你回来。

再次，如果狗狗有难过的情绪，这是正常的表现，可以给它提供玩具，让它自己玩耍。只要度过最开始的那段时间，狗狗就会明显缓解分离产生的焦虑。这样，主人就可以把狗狗放在单独的房间，而自己在另一个房间做事，从而避免过度的心理依赖。

最后，主人每次出门和进门都不要第一时间去寻找狗狗。让狗狗习惯主人的出入，认为这是一件小事，而不是每次都如同"生离死别"。过于重视出门这件事，会让分离的感觉更加明显。

如果有一天，你在沙发上看书、看电视，狗狗一开始来找你玩耍，你并不理会或表示拒绝，它就去一边独自开心地玩自己的，这就说明你的狗狗足够自信，也很健康。

集中精神

一提起对狗狗的训练，我们常常想到的画面是伴随着主人一声令下"坐下"，然后就看到狗狗乖巧地从直立变成坐立。但实际上，无论哪个项目的训练，都需要首先让狗狗集中注意力。

这一点非常重要，所以需要单独进行训练，而不是穿插在其他各种训练里。最简单的吸引注意力的方法是使用食物。

例如你把肉条捏在手里，从狗狗眼前晃过，看到它闻到气味，眼睛咕噜噜追寻着你的手，这时候主人就要调整语气，用严肃而坚定的语气下达命令——"注意！"（图5-1）

图5-1　训练——注意！

这时狗狗多半还在盯着你的手，这样我们可以给它分一小块。吃完后，狗狗发现主人手里还有，它可能就会看看你的眼睛，分辨一下主人的脸色，当你再次说"注意！"——如果你的狗狗坚定地看着你的手，那么我们就继续抚摸它——表示赞许，然后给它肉条（图5-2）。

图5-2　训练——诱导

这样的训练不用很久，每天训练一两次，每次训练10分钟，直到你手里没有任何东西。只要说"注意"——它就会注视你的手，那么训练就可以往下进行了。

下一步训练要变换手的位置。主人抬高手的位置，指着嘴、脸，甚至眼睛，保持命令"注意"不变。当狗狗能够在你喊出命令时盯住你的嘴或者眼睛时，你要相应地把嘴里的肉吐给它。如果在行进中，狗狗被其他事物吸引想要往前跑，你猛拉皮带，放大声喊出命令"注意！"如果你的狗狗停下脚步，看着你的眼睛3~5秒，那这样的训练就很成功了，当然依然要给它奖励：抚摸、喂食。

值得强调的是，任何训练，都要尽量严肃，但一定不要让狗狗害怕你。

排便训练

随地大小便是非常不文明的行为。没有学会定点大小便的狗狗就会让人很嫌弃。据说每年都有大量宠物狗因为无法学会定点大小便而被抛弃，相信这一点一定是借口，如果你爱自己千辛万苦养大的狗，那就一定会努力教会它定点大小便，而不是抛弃它。

这项训练并不难，但是有很多误区让主人走上了错误的道路。

错误一：沟通无效

有些主人爱心泛滥，狗狗随地大小便之后，会对狗狗进行几千字的批评教育。实际上，这只会让狗狗迷惑，它无法理解

选狗养狗全攻略

复杂而冗长的人类语言。如果它在错误的地方大小便,那么请给它找到正确的地方。

错误二:惩罚过度

如果换位思考一下,想必谁也不愿意在大小便的时候莫名其妙地挨揍。狗狗虽然聪明,也无法弄明白为什么会在大小便的时候挨揍。而一旦它认为排便和负面的东西联系在一起,那么它就会养成憋尿或者吃屎的习惯,那就糟糕了。

所以,如果狗狗在错误的地点排便,请主人默默清理,下次再训练吧。

错误三:让狗狗在有尿液的地方排便

狗狗是有洁癖的,它非常爱干净,讨厌潮湿和肮脏。有一种说法,说是有它旧的尿液的地方,狗狗会再次使用那个地方。相信那只是有极少量的尿液,如果你将它用过的报纸,存着大量尿液的报纸放到那里,狗狗内心是会非常嫌弃的。另外,它们也并不喜欢臭臭的地方,这对它们灵敏的嗅觉来说是一种伤害。另外,如果在野外,狗排便的地方如果离狗窝太近,就会招来天敌。所以,不要把狗厕所放在离狗窝近的地方。

错误四:我家即狗家

狗需要独处空间,也就是巢穴,而并不仅仅是一个只供睡觉的地方。一旦狗狗认为主人家就是自己家，室内所有空间都可以自由活动，那么"我想在哪儿拉都行"就会成为它的信念。同样，一旦有陌生人来到家中，狗狗就会保卫"巢穴"，攻击陌生人。

想要教会狗狗定点大小便，最重要的是掌握自家狗狗排便前的特征。一般来说，对于一只喂食非常稳定的狗狗来说，排便时间也是很固定的。刚刚睡醒，或者是饭后半小时，以及喝水后15分钟、大量玩耍后，这都是狗狗有可能排便的时间。

当你看到狗狗压低屁股，或是开始在地上到处闻着转圈，那就是需要排泄的预告。当然，不同种类的犬可能有不同的表现，这一点需要主人细心留意。

当狗狗有了便意，我们可以带狗狗出门，这样就避免了它在室内大小便。如果在室内有狗厕所，那么不要让狗厕所与狗狗吃食的地方过近。

狗狗排便的训练，首先要准备一些简单的东西，如围栏、尿布、狗狗厕所，或者旧报纸也行。

其次，将狗狗的小窝和厕所分开摆放在不同的角落里，地面全部铺上报纸或尿布。如果主人在家，可以让狗狗睡醒后、吃饭后待在厕所内，当它尿尿的时候鼓励它"真棒"。如果狗狗尿在了报纸上，请将有味道的报纸碎片留下一些放到厕所里，逐渐引导狗狗定点排便（图5-3、图5-4）。

图5-3　排便训练1　　　图5-4　排便训练2

接下来，因为狗狗已经适应了在报纸上便便，这时将有报纸的范围减少，并在靠近厕所的周围铺上报纸，此时主人可以引导狗狗去有自己尿味的厕所上便便。如果狗狗做到了，可以奖励它一些小零食。

最后，如果狗狗学会在报纸上便便，或在有自己尿味的厕所上便便时，狗狗就学会定点排便了。

对狗进行严厉训斥是无效的，粗暴的语言会让它开始躲避主人，选择一些隐蔽的地方排便。也就是说，你越训斥，就越会苦恼，因为狗开始在一些匪夷所思的地方排便。当它能初步做到在指定地点排便，就可以逐渐取消对它的空间限制。训练需要坚持、有耐心，等狗狗养成习惯，排便问题就解决了。

"坐下！"训练

观察狗狗的行为，你会发现，其实很多东西狗天生就会，比如"坐、卧、行、走"，但是我们对狗狗的训练里却依然包含这样简单的动作训练。道理很简单，虽然狗狗天生就会不用教，但它听不懂人类的语言，无法做到你需要它保持坐姿的时候就能够坐下，让它跟随的时候，它就会乖乖起立跟随。

在诸多训练中，坐下训练是最基础的训练之一。主人想要提高狗狗的服从性，就要让狗狗学会在听到"坐下"的时候乖乖坐下。

训练以诱导为主。先用零食吸引狗狗的注意力，当它视线被零食吸引时，抬高零食的位置，向头顶移动，随着狗狗仰起脖子就会抬起身体去够，后腿承力，做出"坐"的姿势，诱导成功（图5-5~图5-7）。

图 5-5　坐下训练 1

图 5-6　坐下训练 2　　　　图 5-7　坐下训练 3

成功后，迅速给予狗狗奖励、零食以及口头夸奖。如果狗狗做不到也不要着急，可以进一步进行诱导。持续以零食引诱，如果狗狗依然不明白命令的含义，可以一只手握住项圈向上拉，另一只手压住狗的腰，帮它做出坐的姿势。

当基本的"坐下"命令能够被执行后，就可以增加训练难度，如主人在一定距离以外给狗狗下命令。

"卧倒！"训练

在爱犬学会"坐下"后，"卧倒"就不会太难了，不过仍要以诱导为主（图 5-8 ~ 图 5-10）。首先命令狗狗坐下，然后主人蹲在狗狗面前，把食物从狗狗的眼前由上到下移动，快要碰到地面时，狗的姿态就不由变成了趴下，在狗狗正要趴下的时候，主人下令"卧倒！"，如果狗狗完全趴下，动作完成，就把零食奖励给它。如果狗狗没有做出趴下的动作，可以借助牵引绳轻轻下拉，让它趴下。如果狗狗还是没有趴下，可以采取稍微强制的方法，用手慢慢地往下按狗狗的脖子，注意力度。只要狗狗做到了，那就给它奖励！以下是训练中需要注意的几点：

① 卧和坐不要连着训练，聪明的狗狗可能会把两项连在一起，变成了卧倒后自动坐，或坐下后自动卧倒的"恶习"。

② 狗狗卧倒后，如果后腿歪斜，狗主人要及时纠正，帮助它做出正确姿势。

图 5-8　卧倒训练 1

图 5-9　卧倒训练 2

图 5-10　卧倒训练 3

"跳!"训练

　　"跳!"对于狗狗来说属于比较剧烈的运动,在训练狗狗之前,首先我们要确认自己的狗狗适不适合"跳!"的训练。像吉娃娃、博美这类体型较小而柔弱的狗狗就不太适合跳跃训练。像波士顿梗犬这类狗狗,身体强壮、腿部肌肉发达,就很适合这种跳跃练习。如果对不适合跳跃的狗狗强行训练,就可能因为超出狗狗的身体负荷,引发扭伤、骨折等问题。对于天生就善于跳跃的狗狗来说,"跳!"训练并不是什么难事。但任何的训练都不是一蹴而就的,"跳!"训练同样如此,就算再善跳的狗狗,也需要一段训练时间,才能够达到听从指令的效果(图5-11、图5-12)。

图 5-11　跳跃训练1

图 5-12　跳跃训练2

　　首先,选定一个不是很高的障碍物,主人和狗狗一并跨越,同时,主人发出"跳!"的指令,因为障碍物比较低矮,很容易就能跨过去。然后，命令狗狗在障碍物的一边站好，而自己站在障碍物的另一边，然后叫狗狗"过来"，当狗狗准备跨过障碍物准备起跳的时候，主人发出"跳！"的指令，如此反复几次，狗狗就学会了"跳！"的训练。当然，狗狗每次跳跃成功的时候，都不要忘了及时给予狗狗成功后的奖励。然后再慢慢提升障碍物的高度，当障碍物高到狗狗不容易跃过的时候，狗狗可能就会不听使唤地从障碍物的一边绕过来，这时候主人要用严厉的口气制止"不"，并将狗狗带到原来的地方，重新试着起跳。

除了主人亲自做示范训练狗狗"跳！"外，还可以使用皮球、食物进行原地训练，看狗狗喜欢哪种方式就可以采用哪种方式。

"跳！"训练的模式，除了跳高之外，还可以采用跳远的形式，一条河沟、一块木板都可以成为很好的训练材料。不过，无论哪种训练模式，都不要操之过急，量力而行、循序渐进才是成功的关键。

拿报纸训练

主人如果有看报纸的习惯，就可以在准备看报纸的时候训练狗狗给主人拿报纸。如果主人家的狗狗够聪明的话，用不了多久，主人就可以享受到这样的"待遇"了。

想要训练狗狗掌握这项技能，可以在早晨报纸送到的时候，对狗狗发出"拿报纸"的指令。开始的时候，狗狗可能对主人的话不是很理解，甚至有些莫名其妙，那首先就要让狗狗熟悉"报纸"这个概念。主人可以带着狗狗来到院子里，然后将报纸扔在地上，然后再捡起来，对着狗狗说"报纸"，并且拍拍狗狗，表示肯定和奖励，然后掰开狗狗的嘴，让狗狗咬住报纸，同时给予狗狗及时的奖励，并用手轻轻拍拍狗狗的头说"好、好"，然后带着狗狗回到房间，从狗狗口中接过报纸，然后再拍拍狗狗微笑地对狗狗说"很好"。照这样的方式训练三五次，狗狗就会明白主人这样做的含义。训练几天后，主人试着对狗狗说"拿报纸"，狗狗就会立刻将报纸拿到主人身边，并等着主人的赞赏。

早晨出门前，主人发出"拿报纸"的指令，然后狗狗便帮助主人拿了过来，这不得不说是一件很有意思的事情。这样的训练对于室内驯养的小型犬来说特别适合。有兴趣的主人们不妨试一试。

切记，想要狗狗完成这样的训练，及时恰当地给予狗狗赞赏很重要，因为这样有助于狗狗更好、更快地获得这项新技能。不过，如果主人家的报纸是放在邮箱，或者是放在其他狗狗很难够得到的地方，那就不要强"狗"所难了，只能劳烦主人自己拿一下喽！

乘车的训练

在日常生活中，主人免不了要带着狗狗乘车出门郊游、购物、旅行等，如何让狗狗更文明地乘车，那主人们就要花点小心思，好好地训练一下狗狗了。狗狗乘车习惯好了，主人也会增加不少乐趣呢。狗狗比较好动，在乘车的过程中，如果忍不住探头往外看，很容易发生危险。为了安全起见，让狗狗在乘车的时候安安静静地坐着，也是一项必备的乘车训练功课。

让狗狗乘车，首先要帮助狗狗克服乘车的恐惧心理。坐在后排的家人要给予狗狗适当的安抚，或者抚摸它的头，或者多抱抱狗狗，让狗狗尽快地从焦虑中平静下来。尽量让狗狗安静地趴在后座上，从小就训练它乘车，以后乘车它就不会感到特别害怕了。刚开始的时候，出门可以选择比较近的地点，比如去公园、市场购物等，抓住短距离的机会训练狗狗。渐渐地拉长乘车距离，这样一个循序渐进的过程，狗狗慢慢地也就习惯成自然，能够更好地乘车了。

首先，主人在上车之前，要先将狗狗带到要上车的一侧的车门前，命令狗狗"等一下"。然后主人上车，在驾驶位置坐好，然后打开狗狗那侧的车门，命令狗狗"来"。狗狗上车后，再令狗狗"坐下"或者"趴下"。前几次乘车可以先不开车窗，等狗狗慢慢适应车内的环境之后，就可以试着把车窗摇下来，如果发现狗狗正将头探出窗外应该立刻制止。如果主人平时对狗狗训练得比较多，这点是不难做到的。如果临时有事，还可以让狗狗帮着看一下车子，主人们也省了不少事。到了目的地，要将车子停好，然后下车给狗狗打开车门，这时候跟狗狗说"下来"，狗狗这时候的乘车训练就算圆满完成了。其实狗狗乘车训练可以说是比较简单的一种训练了，只要狗狗在车内安静趴着，不到处乱窜、乱叫就能保证狗狗安全文明乘车了。

另外，主人们带狗狗外出之前，要注意尽量减少狗狗饮水和进食的次数，以免发生狗狗晕车呕吐的状况。同时，尽量在乘车之前带狗狗活动活动，散散步，解决完大小便之后再乘车。

不要乱吃

作为主人，最担心的是自家狗狗无意中吃了外面不洁净或者有毒的东西，但是爱吃是狗的天性，它又无法分辨什么是干净和不干净的，那怎样才能避免悲剧发生呢？主人在训练前首先要明白，狗狗的吃饭教养不是一天能培训出来的，从它还是个幼犬开始，我们就应该有意识地帮狗狗建立一个行为模式，如只能吃盘子里的，盘子外的不可以吃；不可以浪费粮食；不吃主人以外别人给的东西等。

我们给狗狗任何食物，要避免扔在地上，而应该放在它的食碗里，或者直接放在手里，千万不要让它养成了从地上拣东西吃的习惯。

主人想告诉狗狗不要乱吃，包括在户外不要从地上拣东西吃，不要吃陌生人给的东西。想要达到这个目的，就要对狗狗进行训练。进行这项训练时主人一定不能心软，训练也要始终贯彻在每一个行动中。

1. 不要在地上扔食物

如果地上掉了食物，不允许狗狗低头拣拾。如果狗狗动作很快，拣到了嘴里，一定要说"不行！"并且打开狗的口腔，把食物挖出来，或让它吐出来，如果它能吐出来，就夸赞它。

宠物的教养取决于主人的饲养，想要让狗狗以后不会从地上乱拣食物，那么就要及时制止这种行为。不然当狗狗腹泻或得了胃炎时，主人就会后悔莫及。

2. 禁止狗狗拣食

主人事先把食物放在几处明显的地方。当靠近食物时,如果狗表现出被食物吸引的样子,要立刻用语言制止,必要时用牵引绳拉住它,如果狗能听从命令,那么用语言夸赞它。多换几个地方,进行同样的训练,狗就会知道没有命令的情况下不能去拣食了。只是提前布置食物,这样的训练是不够的。这种训练应该是随时随地进行的。如果发现有狗狗乱吃的东西,可以抹上辣椒油等狗不喜欢的味道,这也是禁止狗狗乱食的一个小方法。

3. 禁止狗狗吃陌生人给的东西

外出时可以给狗戴上狗栓,如果狗狗吃了别人给的东西,主人要表现出失望、冷淡。别人在喂的时候,要大声喊出狗狗的名字,并轻击狗狗的嘴巴。

4. 让狗狗学会等待

作为狗狗的主人,在主宠组合中要有"权威",如果让狗狗等待一会儿再吃,那么狗狗就要服从命令。把食盆放到狗的面前,当狗凑过来要吃时,用手罩在上面,命令"等一下",或把食盆移开,并轻敲狗狗的鼻头,等狗狗有了耐心,再把食盆移回来,下令"吃吧!"

　　这样的训练，应多次进行，每次吃饭让它多等一会儿，最终让狗狗明白"吃吧!"的命令。

　　狗的天性好吃，并且好奇心强，乱吃东西就会引起健康问题。它的进食习惯要从小处培养，对错误行为决不能姑息，持之以恒，才能培养出有修养的狗狗。

　　值得注意的是，如果狗狗行为反常，无论如何制止，总是在啃咬和嗅闻周围的东西。首先要考虑是不是狗的食物中缺少了某些成分，从而出现了"异嗜行为"，这是营养缺乏的一种表现。

　　主人通过观察狗狗的行为，是能够分析总结出原因的。如果是缺乏营养，那就要及时补充，如果纯粹是养成了恶习，那就需要纠正这种恶习。采用的方法如训斥、涂辣椒，或使用喷水枪等。不过，不要让狗狗看到主人使用喷水枪，这样会引起狗狗对主人的惧怕。

散步训练

　　遛狗可以说是每个狗主人的必修课，为了应对精力充沛的大狗，有的家庭甚至全员出动，才能满足狗狗的运动量。因此我们在之前的章节反复强调，养狗之前一定要充分考虑到不同品种的狗对运动量要求的不同。

为了防止狗乱跑走失，也为了遵守公共道德规范，我们带狗散步一定要给它戴好牵引绳和口栓，如果狗狗习惯在外大小便，还需要带好报纸和塑料袋，这是"拣屎官"的职责所在。

对狗狗来说，外出散步是非常愉悦身心的事情。我们常常看到狗狗嗅嗅停停，以为只是狗狗的好奇心作祟，实际上，对狗来说，这是一项非常解压的活动，能够大大消耗它们的精力。有些狗狗被要求在家里指定厕所进行大小便，如果偶然能走出家门上厕所，它会非常开心。对于较少出门的狗狗来说，很容易大惊小怪，或者防卫过度。多鼓励狗狗探索陌生路线，听到车来车往的各种声音，对它也是有好处的。以下是带狗狗散步需要注意的地方。

① 当狗狗在 80~90 日龄的时候，习惯了带脖圈和牵引绳后，就可以进行初步的散步训练。初次训练的时间最好控制在 5 分钟之内。

② 散步训练次数比时长更重要，一天出门三次或以上，每次 10 分钟即可，比一次长时间的出行要有利。

③ 出于本能，狗狗会对新环境充满好奇。它会嗅嗅、闻闻，会停下来，会到处乱跑，这时主人可以用一个新奇的物品吸引

狗狗的注意，让它回到自己身边，继续散步训练。如果狗狗不回来，也不要大喊它的名字，要耐心等待，或用方法诱导它回来，然后套上牵引绳，继续散步训练。

④ 持续散步训练，时间可适时延长。对于 9～12 个月的狗狗，散步时间可延长到 45 分钟。

散步训练看似简单，却包含主宠之间的原则性较量。观察许多宠物和主人之间的关系，很多时候已经不是主人遛狗，而成了狗在"遛主人"。首先在时间上，如果你把散步固定在某个时间，只要一周，狗狗就会对这个时间分外敏感。如果到了时间你还不出去，它就会非常焦虑不安，甚至开始吠叫。它的压力立刻就成了主人的压力。

严肃来说，这样的行为已经危及了"主人"在群体中的领导地位。解决办法是，不要把散步固定在一个时间。几点散步，多长时间，甚至去散步和不去散步，都应该由主人决定。散步训练的重点是散步时间不能太有规律。当你发现你的狗狗有点习惯某个时间出去，那就立刻改变散步的时间，这样它就不会一到时间，无论外面刮风下雨，都要闹着出去了。

走与停的训练

我们对那些能够做到"令行禁止"的狗狗投之以羡慕的眼

光，对自家拼命向前冲、自己甚至拽都拽不动的狗狗"恨铁不成钢"。很多狗主人只会苦中作乐，却并不知道这种表现意味着什么。

在狗的世界里，自己与"主人"组成了一个群体。原本狗处于从属地位，主人属于领导者，但力量的逆转，让"主人"的角色岌岌可危。更严重些，如果狗与遇到的其他狗爆发战争，没有权威的狗主人根本无法进行制止，甚至会因拖拽受伤，尤其是一些力量极大的大型狗。

如果每天散步的路线是固定的，狗会将所在路线周围都认定为自己的地盘。如果有威胁它地位的人或狗出现，它就会主动采取攻击行为。而失去控制权和指挥权的主人也要被迫受到对方的攻击。

我们能看到狗在电线杆或树上撒尿做记号的行为，这就是宣告领地的行为。这种行为应该予以制止而绝不是放任，因为它与服从本能是相抵消的，它越是有"权势"，就会越不顺从。

有些主人想当然地认为顺从天性是对狗狗好，殊不知，狗的"权势"会带给它巨大的压力，而服从却使它心情舒畅。主宠之间，主人应当做负责的那个，掌握好主动权。

因此，当主人与狗在行进时，务必要系好牵绳，也务必要使狗走在主人的侧方或后面。如果狗走到了主人的前面,那么主人就要立刻转向相反的方向,如果狗狗想要向前冲,那就马上拉紧牵引绳,狗就会停下,即始终保持人牵着狗走。

狗狗停下,主人也停下,然后轻声叫狗狗的名字,并给它食物奖励,再次慢慢向前走。如果狗再次超过主人的步伐,那就让狗狗先坐下,平静片刻,再继续前进。

① 迈左脚,喊出"走"的命令,由左脚引导狗的行动;停下时,先停下右脚,嘴里喊出"停"。

② 如果狗走在左侧,当狗超过主人时,主人立刻向右后方转,来制止狗的行为。

走和停的训练,用口令和动作来作为训练的引导,口令要清楚、简短、易懂。

"拜年"训练

狗狗很喜欢站立,那是因为它想要和主人玩游戏,站立在主人身旁,更容易引起主人的注意。那么,只要狗狗站立后,引导狗狗前爪合拢上下摆动,再配合"拜年"这个指令,就能看到它用后脚站立、前爪摆动了。具体训练方法如下(图5-13~图5-15):

首先，手上拿着狗狗喜欢的零食，再配合"拜年"的口令，把零食放在狗狗鼻子前，离它 10 厘米左右，呈 45 度角，慢慢向上，引导狗狗站起来。

图 5-13　拜年训练 1

图 5-14　拜年训练 2

图 5-15　拜年训练 3

开始的时候，狗狗可能只能站一秒钟，但在零食的驱动下，它的身体拉得越来越长，稳定性越来越好，为了平衡就会自然做出"拜年"的动作。如果前爪没有并拢，主人可以帮助它把两个前爪靠拢，做出标准的"拜年"动作。这时就要及时鼓励"好"或"乖"，并给它零食奖励。

注意，训练时间不要太长，奖励也要及时，只要动作一对，马上给予夸奖。教狗狗转圈的方法与此类似，只要拿着食物在狗的头部上方划圈即可。

来，握个手吧

主人一手拿食物，一只手摊开放在地板上，看到狗狗坐下后，对狗狗说"握手"，并用手点它的一只前脚。如果此时狗狗的前脚抬起来了，主人正好握住，就给予食物奖励；如果狗狗没有反应，主人可以主动伸手，一旦狗狗伸出前脚并触碰主人

图 5-16　握手训练

的手，就给予食物奖励。之后，再把手稍微远离地面，重复之前的过程。聪明的狗狗，十几分钟就会学会握手动作，一般的狗狗一小时左右也能学会，之后就可以撤去食物，只用口令狗狗就会主动握手了（图 5-16）。

取回物品

我们曾经看到网上流行的视频里，别人家的狗在主人发出命令后，乖乖地把主人的拖鞋叼过来，在主人发出命令后再把东西放下，这样训练有素的狗让每个主人都觉得羡慕。

狗"衔取"东西的能力是天赋，从狩猎技能中保留演化而来，2 个月的幼犬就会把东西从地上叼起来。但如果你以为这

项训练很容易，那就要失望了。不经过训练，别以为狗狗能通过一句话就能把指定的东西叼过来，再回到你身边放下来。大部分情况下，它们都没法理解你为什么把手里的东西扔了，或者也跟着跑过去，却不知道要把东西叼回来。所以，不要偷懒，想要让狗狗听话，就要对它进行训练。

首先，我们要训练狗狗学会"衔"。主人准备好容易引起狗兴奋的物品，先用右手拿着该物品在狗面前摇晃，等狗兴奋起来，马上向一二米外抛出，并同时发出"衔"的口令。在狗狗即将碰到物品时，再次发出"衔"的命令，如果狗狗衔住物品，那么主人立刻进行夸奖和食物奖励。狗狗衔住物体30秒后，主人发出"吐"的命令，接下物品后，再次给予食物奖励。多次练习后，"衔"和"吐"的条件反射就形成了。

当然，并不是所有的狗狗都能顺利进行这样的训练。有的狗狗需要一点强制性。我们可以先让狗狗坐在身边，先发出"衔"的口令，然后扒开狗嘴，把物品放入狗狗口中，再用手托住狗的下颌。几秒钟后发出"吐"的口令，把物品取出，给予狗狗奖励。经过反复训练，再按照上文所说流程进行训练。

这项训练的口令可以结合手势，比如发出"衔"的命令时，右手指向需要衔取的物品。而当狗狗衔住物品后，可以用训练绳结合"来"的口令，让狗狗学会"来"和"吐"的动作。

这项训练相对复杂，以下几点是需要注意的地方。

① 我们训练自家狗狗衔取物品的能力，一定要让它们养成按指挥进行衔取指定物品的习惯，而不是随便乱衔物品。

② 衔取的物品要经常更换，以便提高狗狗的适应性。

③ 食物奖励不能过于频繁，也不能太早，防止狗狗看见奖励就早早地吐掉物品。

④ 狗狗对口中的物品撕咬、玩耍和自动吐掉都是应该纠正的。

⑤ 以诱导为主，避免粗暴，观察狗狗的反应，如果它表示厌烦，就尽早停止。

飞盘游戏

狗狗是非常渴望与主人共同游戏的，玩飞盘就是其中一个经典的户外项目。不过，并非所有狗狗都适合玩飞盘游戏，一些中大型犬如金毛犬、牧羊犬、杜宾犬或动作灵活的小型犬如喜乐蒂犬、雪纳瑞犬、可卡犬等更适合这项游戏。有些小型犬如泰迪犬，过度的跳跃容易造成髌骨脱位，最好放弃这个游戏。飞盘游戏的运动量很大，体质弱以及年龄幼小的狗狗也并不适合（图5-17、图5-18）。

图 5-17　飞盘训练1

图 5-18　飞盘训练2

　　训练狗狗接到抛出的飞盘，需要选择一片空旷干净的场地。首先要做的是提高狗狗对飞盘的兴趣，如在飞盘上抹上狗狗喜欢的味道，或主人自己玩飞盘，狗狗也会主动过来参与，如果这时有别的狗在玩飞盘那就更好了。狗狗有着超强的模仿能力，同伴的动作能让它很快领会动作要点。

　　当狗狗对飞盘产生了浓厚的兴趣，主人可用飞盘控制狗狗的兴奋度。看它很着急的时候，将飞盘扔给狗狗，它会很开心，然后主人把飞盘再抢过来，反复进行。如果狗狗在咬住飞盘后直接跑开，一定要及时制止它。

　　下一步，是训练狗狗对飞盘进行"咬"和"吐"。这项训练前面已经提及，这里不再赘述。

重点是对狗狗的"巡回"训练。主人可以把飞盘竖立，用滚动的方式滚出去，培养狗狗咬运动的物体的习惯。较长的牵引绳可以起到辅助作用。

第一次扔飞盘不要扔太远，注意狗狗的体力和耐心。每次训练接盘以半小时为宜，时间过久的话狗狗容易失去兴趣。

飞盘游戏需要反复训练，命令要短而明确，奖励要及时。狗狗都是聪明好玩的，一定能很快学会，主人需要注意的是狗狗的体力，注意休息和补充水分。另外，场地最好干净一些，如果有其他狗狗的粪便，可能会让自家狗狗感染疾病。

笼内训练

如果家里来了客人，我们不希望狗狗在外面过于活跃，或者也许客人不喜欢狗，那么我们就需要狗狗乖乖留在笼子里，并保持安静。狗狗的表现，取决于主人的训练。因此，让狗狗学会留在笼子里也是很有必要的。

笼内训练最重要的是不要让狗狗对笼子产生恐惧感。相反，要让狗狗认为笼子如同"巢穴"，是可以保护它、给它安全感的地方，然后才能顺利进行训练。

这项训练适合在狗狗2~5个月的时候进行，对成年狗狗进行这样的训练，难度会相对增加。训练以诱导为主要方式，主人可以在用餐时间，将狗狗喜欢的食物、玩具放在笼子里，或抱着狗狗进笼子，切勿将狗狗硬拉入笼子。

　　训练时先不要关笼子门，等狗狗习惯后再把笼子关上。狗狗进入笼子后，主人仍然需要在笼子附近活动，让狗狗知道主人在身边，减少它的不安情绪。训练应该循序渐进，最开始关闭笼子后30分钟可以让狗狗出来喝水，然后继续训练。喝水的间隔时间可以慢慢延长至4个小时，即每隔4个小时让狗狗出来喝水和排便。最后，即使主人不引导，狗狗也习惯回到笼内休息。

耐性训练

　　训练狗狗有耐心有很多好处，尤其是狗狗独自在家时，它会学会等待而不去破坏东西。当它学会耐心等待后，可以慢慢延长等待的时间，最后做到如果主人不在或没有理它，它可以无限时地等待下去。

　　训练方法是主人做自己的事情，并命令狗狗坐在旁边等待，它可能会做一些事情来吸引主人的目光，达到让主人关注自己的目的。这时，主人要无视它，注意不是训斥，不要安慰，不要哄骗，不要怒目而视，只要专注于自己正在做的事情，直接无视它即可。此时，狗狗会安静下来，一旦它安静了，立即给予食物奖励，或满足它之前想达到的目的。

但狗狗可能会因为主人的关注而突然兴奋起来，可能还没有领会主人的意思，会继续纠缠主人，这时，主人依然无视它，等它走开了，乖乖地躺下了，就立即给它想要的。只要重复两次，狗狗就明白了，只有等待才能得到自己想要的。

安静下来

狗狗吠叫时，有的主人可能会大吼"安静"，这无疑是在为狗狗助威，它只会越叫越凶。当你想要一只安静的狗狗时，不妨尝试用以下方法训练：

1. 奖励

当狗狗狂吠不止时，你可以摇铃，只要它闭嘴了就奖励它点心吃，时间长了，狗狗听到摇铃就会静止下来。

2. 运动

狗狗吠叫可能是精力太旺盛了，让它运动吧，不但可以消耗它的体力，还可以使它精神得到满足。

3. 转移注意力

有时候狗狗吠叫是因为无聊，当它吠叫时，用玩具或骨头逗它，这时候狗狗多数会去玩它的玩具。

无论如何，狗狗吠叫时都请用耐心制止它，但不能用体罚。

学会等待

很多时候，我们需要狗狗"等一会儿"，这项训练在其他训练中也经常使用到。在训练前，我们需要让狗狗集中注意力，先用口令告诉它"别动！"，可以用动作或手势来辅助加强这项命令，然后离开狗狗。最开始时距离不用多远，然后看狗狗是否能保持不动，如果它能做到，就回去给它奖励，抚摸它并夸赞它，让狗狗看到你满意它的表情。

如果在你离开不远后，狗狗也跟着动了，那就返回去立刻重复开始的动作，用命令重申"别动！"并且还在表情和手势上表示对它的不满。反复几次训练，狗才会懂得"别动！"这个命令的含义。

等训练初步成功后，主人可以把离开的时间和距离逐渐延长，让狗习惯等你做完事情回来。

不再扑人

我们常常看到狗狗见到主人时会热情而兴奋地围着主人打转，扑到主人身上甚至要求抱抱，但这一切如果发生在陌生人身上，再加上如果狗狗体型庞大，那就相当让人惊骇了。对于狗狗来说，狂吠、追赶尾巴、啃咬等都是它心情兴奋时的行为表达方式，如果这一切不是由疾病导致，那么每一个主人都应该对狗狗的行为进行适当的训练，务必培养出一只懂礼貌、懂克制的狗狗，以免给自己和他人带来不必要的麻烦。

首先，从一开始，很多狗狗就养成了跳扑然后舔主人的脸的习惯，这种行为屡次发生并没有受到惩罚，这就会鼓励它努力扑跳，然后让主人抱住再将它放下。因此，即使我们与狗狗的感情再好，也要警惕它们对这种行为的错误认知，务必让狗狗改掉这样的坏习惯。

如果狗狗养成了跳扑行为习惯，主人需要使用正确的命令，注意不要随意更改命令。例如我们要严肃地说"坐！"而不是"下来！"等，毕竟它们听不懂人类复杂的语言。另外也无需增加动作如挥动手臂，这对狗狗来说反而是一种刺激。当狗狗非常懂事地遵从了你的命令，主人可以给予奖励，如摸摸它的下巴，表示对它的肯定，最好同时踩住牵引绳，防止狗狗再次兴奋地跳起来。

另外，我们需要理解狗狗极为渴望得到主人关注的心情，它们就像小孩子一样，认为舔主人的脸是正常的玩耍，当你板着脸看着它，或者做出生气的样子，狗狗就会如同小孩一样主动反省自己的行为，知道从背后扑向主人是不对的，跳起来去扑主人也是不对的。

通过一段时间的训练，相信你能扳正狗狗的坏习惯，让它记住不可以扑人。

与其他狗狗和睦相处

很多情况下，狗狗明显的攻击行为实际上是在防御，不是在攻击。它可能是让别的狗狗离开，但它还没有学会正确的交际方法。所以训练的目标是让狗狗学会与其他狗狗和睦相处，而不是去攻击对方。

① 当你的狗狗和对方进行眼神交流时，应制止它。因为怒视对方预示着一场战争即将爆发。

② 由争夺统治权而引起的侵犯行为通常很难处理，它们

在争斗以前往往就已经有攻击性的身体姿势和吼叫了，办法只有一个，让其中一只狗退让。如果狗狗主人粗暴干预，可能会遭到狗狗的攻击。

③ 当狗狗具有攻击行为时，主人可能会下意识地拉紧牵引绳，但把它强行拉回来的效果却是加剧了它的攻击行为。正确的做法是把它的头转开，这样它就不能和其他狗狗对视了。

④ 分散它的注意力。当狗狗遇到可能的攻击行为时，应该用它喜欢的玩具吸引它的注意，并命令它坐下，在它表现良好时奖励它。

⑤ 召回训练。在安静的环境下，用长牵引绳训练狗狗回到你的身边。此时，应有别的狗狗在场但有一定的距离。当狗狗没有攻击行为时，给它奖励。

养成良好的用餐礼仪

好的用餐礼仪可以帮助狗狗学会服从、不去觊觎其他狗狗碗中的食物、珍惜食物。训练步骤如下：

① 准备狗狗最爱吃的点心。不吸引狗狗的食物，无法达到训练的目的。

② 让狗狗坐下。将食物放在它面前,让它闻一闻,然后将食物举过狗狗的头顶,同时要求狗狗坐下。这时,狗狗一般都会目不转睛地盯着食物。

③ 将食物放在离狗狗一步远的距离,如果狗狗冲上来要吃食物,就将食物拿开,意思是如果不听指令就不会得到食物。

④ 当狗狗乖乖坐下并且不会马上吃掉食物时,只要等待几秒钟就可以让它吃,鼓励它做得很好。不要让狗狗等待很久,因为它的耐心是有限的,以免训练落空。

刚开始训练时,狗狗可能会一坐下就马上站起来扑向点心,要相信这是可以纠正的,一定要让它稳定坐下才给它食物。每天十分钟,用十个小点心就可以训练狗狗十遍用餐礼仪。花上一周时间,就可以达到满意的训练效果。

和孩子愉快地游戏

宠物是家庭的一员,孩子学会照顾狗狗可以增强孩子的责任心,也多了一个玩伴。想要让狗狗和孩子一起愉快地游戏,就要注意以下几个方面:

① 首先,不管训练狗狗任何项目,只有当它完全知道怎么

做的时候,才能让孩子参与。

② 其次，与狗狗有关的活动都应该在成年人的监督下进行。

③ 最后,孩子也可以用食物奖励狗狗。通过游戏,狗狗会了解到孩子也有权利做它主人,所有的玩具也都是主人的,即使是个小孩子。

如果想让狗狗对人类有兴趣,就要使它与人类相处的时间多于它与其他狗狗相处时间的 3 倍以上。有的狗狗对小朋友不太友好,那么主人就要反省,是否在小朋友在场时,总是忽略狗狗呢? 动物也是会妒忌的。所以,当小孩和狗狗同在时,主人反而更加关心、爱抚狗狗,或给它零食,这就会增加狗狗对小孩子的好感,它会明白,即使小孩出现,主人同样会关心和爱它,这样就会不再对孩子抱有敌意。另外,孩子有时会无意中伤害狗狗,如踩到狗狗的尾巴或抓了狗狗的耳朵,出于自卫,狗狗会"防守反击",所以对狗狗和孩子的相处,不要过于敏感。主人可以带领孩子对狗狗使用一些如"走、坐"的命令,并给狗狗喂食,让狗狗了解孩子的主人地位,它就会慢慢接受了。

★专题 教你的狗狗学会"装死"

"装死"是很多动物逃生的一种手段，当危险来临的时候，大自然中的很多动物在来不及逃跑的时候，就会采用原地倒下一动不动的方法迷惑敌人，使敌人放松警惕，然后趁敌人不注意的时候便迅速逃生。负鼠、蛇、狐狸、金龟子等都会装死，个个都称得上是戏精，简直一言不合就装死。其实很多犬类也是有这项技能的，只不过狗狗与人类相处时间长了，这项"装死"的技能就渐渐被淡化遗忘了，不过，想要重新唤起狗狗的这项技能也不是不可能。下面，我们就为大家说说如何让自家的狗狗也会装死，因为这不仅能让狗狗保护自己，也是一项充满乐趣的"小把戏"。

首先，主人做出一个开枪的手势，嘴里可以同时发出"biubiu"的声音，如果狗狗不明白你的指令，主人可以将狗狗轻轻放倒，让狗狗侧躺着并保证头部贴着地面，并及时安抚它，保持这个动作后要及时夸奖狗狗说"好"，并给予狗狗奖励。如果狗狗想站起来，要对狗狗说"不"指令，并重新把狗狗摁在地上不动，等狗狗安静地躺在地上之后，给予狗狗食物奖励。当它一直保持躺好的姿势后就可以给予狗狗奖励，而这时候千万不要发出"躺下"之类的命令，也不能喊狗狗的名字，要让狗狗明白，这是刚才指令的延续，命令还没有完成是不能起来的。这个延续训练要循序渐进地进行，一点一点地加长时间，狗狗慢慢就会明白指令延续的含义。当完成延续训练后，主人向狗狗发出"站"的指令，狗狗这时候才能立刻站起来。注意主人要用比较大的声音来"唤醒"狗狗，当狗狗跑到你面前的时候要及时给狗狗奖励。

然后，重复这样的动作、手势和指令。主人再一次做出开枪的手势，并发出"biubiu"的声音，然后再将狗狗轻轻按倒侧躺，让头部贴地，同时给予狗狗奖励，夸奖狗狗"好"。然后发出"站"的口令，狗狗站起，给予奖励。

一系列的动作完成后，剩下的就是不断重复练习，每做一次这样的训练，都不要忘了给予狗狗及时的赞美和奖励，奖励的食物可以是狗狗最爱吃的牛肉干、饼干等。这个训练过程可能会枯燥，狗狗在中途也会有不听话的时候，而想要成功完成训练，基本的耐心是必须要具备的。有了耐心和奖励，相信狗狗用不了多久就能形成条件反射，成为一条一听你指令就能"装死"的出色狗狗。当你做出开枪的手势、发出"biubiu"的声音时，狗狗就会迅速躺下"装死"给你看。

无论让狗狗完成哪一种训练，和狗狗建立良好的感情都是基础。所以，主人们平时闲暇的时候要多跟狗狗们交流、沟通感情，多鼓励和夸奖狗狗，让狗狗喜欢你、信赖你，喜欢听你的话。平时也可以多跟狗狗做一些互动游戏，如坐下、趴下、握手等，时间久了，狗狗就会变得更加聪明可爱。

四、训练注意事项

　　虽然有的狗狗很聪明、很有天分、能通人性,但也只是相当于几岁儿童的智商,很多的知识、技能都是无法理解和习得的。所以很多时候,都需要主人对狗狗进行相关训练,让狗狗更有教养、更加文明地和人类和谐相处。不过训练狗狗并不是一件轻松的事情,需要主人根据狗狗的特性,耐心细致地引导奖励才能完成。有的狗狗可能喜欢复杂的训练,而有的狗狗只能进行简单的训练,每种狗狗的喜好不同、性情不同,而无论训练哪种狗狗,一些基本的注意事项还是要了解的。那么训练狗狗时有哪些事项需要注意呢?下面我们就来重点介绍几点。

游戏也是训练

有的主人可能会认为做游戏浪费时间，其实不然，在训练过程中加入游戏可以增强趣味性，使狗狗在边玩边学的过程中轻松掌握训练项目，同时也会使狗狗产生训练就是玩的印象，有利于后续训练项目的开展。

首先，我们对狗的训练大多以"诱导"为主，诱导又分为食物诱导和玩具诱导。也就是狗狗的"欲望诱导"。不过，我们很容易观察到，一般来讲，食物诱导比玩具诱导更有效，也就是说，狗狗更渴望食物，然后才是玩耍。食物诱导会让训练变得简单易操作，但随着狗狗成长，玩具欲望也变得越来越重要，因此，增强狗狗对玩具的欲望是非常有必要的，这对它的大脑和身体发育都有好处。

狗天性机警，缺乏运动会使它精神倦怠。主人花时间和狗狗共同玩一些游戏，能够增加和狗狗的默契度，还能加强主人在狗狗心中的领导地位。

为了提升狗狗的"玩耍"欲望，如果我们每天对狗狗训练15分钟，那么在分配训练时间时，食物训练不要超过一半，更理想的做法是四分之三的时间以使用玩具和游戏为训练方式,只有四分之一的时间使用食物。

或者可以采用分开训练的方式。一次训练只使用食物,下一次训练使用玩具。可以在狗狗玩玩具的过程中教导它,也可以在和狗狗一起游戏的过程中让它明白更多的事。有的主人比较懒,毕竟食物诱导更轻松,不过想培养一只出色的宠物,我们就必须要花费更多的时间、更多的精力给它"最好的教育"。

幼犬时期决定狗狗的未来

要想使狗狗拥有良好的行为习惯就要在它幼年时期开始训练。幼犬出生后70天就应开始训练。训练应该在狗狗认为安全、安静的地方进行。每日短时间的训练效果更好。例如每天一次,每次20分钟,与每天两次,每次5～10分钟相比,后者更有新鲜感。

训练应注意不要过量,当狗狗学会新动作,应立即给予奖励,而不是增加重复次数。如果不能使狗感到训练的快乐,那将难以达到训练的目的。

训练需要耐心,对主人、对宠物都是一种考验,不要操之过急，日复一日的训练总会取得成果。

项圈和狗绳不可缺省

项圈是保证狗狗在户外训练时不会乱窜，使它在主人的可控范围内的安全用具，同时，也可以保障其他人的安全。当然，狗狗在家的时候可以不戴项圈，让它自由自在的。给狗狗戴项圈，要以能伸进一根手指为宜，太松容易脱落，太紧狗狗不舒服。

牵引绳是养狗不可缺少的物品，它能让主人更加放心、省心。当我们带着狗外出时，牵引绳也会让狗更加安全，避免意外的发生。在训练中，牵引绳的作用更加不可忽略。

当我们带狗散步时，牵引绳应该松弛有度，不能扯得很紧，让狗不适，也不能过于放松，失去了主人的控制权。训练初期，牵引绳是最佳的辅助训练工具，可以让狗狗专心配合训练，强化主人的地位。当狗狗调皮撒野时，牵引绳也能控制住狗狗的活动范围。按照现在的法律规定，如果宠物狗咬伤其他人，狗的主人需要负相应的责任。所以，无论狗狗多么训练有素、聪明乖巧，当我们处于户外或公共场所时，一定要给狗狗戴上牵引绳，以免意外的发生。

帮助狗狗认识新事物

对新事物的认识是狗狗需要达到的社会化目标之一，尤其是家中的家具、常用的器具等。狗狗在日常生活中有过愉快的体验，会使狗狗更容易接受。比如毛梳，可以拿给狗狗看，并且用毛梳轻轻地给它梳毛，同时轻柔地同狗狗说话，让狗狗心情放松，狗狗此时就对梳毛有了好感，自然也认识了新事物——毛梳。再比如汽车，要让狗狗以它自己的节奏适应汽车，如果它很冷静，可以用食物奖励它。一旦它知道汽车只是背景事物，不会伤害它，它就不会害怕了。还有，将有噪声的吸尘器等事物慢慢介绍给狗狗，让它习惯吸尘器的工作状态后再开启机器，如果它表现得很安静，可以给予食物奖励。生活中的新事物皆如此，在狗狗刚接触的时候，温柔地告诉它，并配合抚拍动作，当狗狗发生错误时，不要责备，告知即可。

如何安慰你的狗狗

主人可以蹲下来保持和狗狗一样的高度来爱抚它，不要离得太近，同时用温柔的语气和它交谈，如果它没有反抗的话，慢慢用你的手抚摸它的胸部，不要用手直接抚摸它的头部。如果刚开始狗狗不愿意接受爱抚，不要勉强。

举起狗狗有助于它克服恐惧，主人可以用一只手扶起它，先抱住它，如果它能安静地站立，及时给予食物奖励。试着慢慢把它抱起，并且逐渐延长抱起的时间，等放下它时，给它食物奖励。

树立主人权威

在狗的世界里，主人和它是一个群体，群体的规则是有主有从，主人就是它的首领。狗狗的很多行为在人看来是温馨而和谐的，以狗的心理分析却是"狗胆包天"的。

我们曾经见过狗狗瞪着水汪汪的大眼睛把爪子放在了主人的膝盖上，目光看着主人，这一场主宠对视看起来格外动人。主人心生怜爱，便温柔地拍着狗的身体，进而狗狗就跳上沙发，依偎在主人的身侧。时间长了，狗越来越放松，身体所占面积越来越大，导致连主人都无法坐在沙发上，即使如此，主人也不忍心对狗狗苛责。殊不知，在狗狗的心里，这一切全然不是一回事呢？

当狗正面直视主人或是在正面推、拱主人，实际都是一种主宰和试探，是一种显示权威的表现。如果主人态度温和，并且以温和的姿势抚慰，反而被狗误解为一种顺从。这是主宠关系的颠覆。所以，当狗狗把爪子放到你的膝盖上，正确的做法是，"下去！坐好！"态度严肃坚决、不容置疑。如果狗狗听从了命令，那么主人才应该给予奖励、零食或是夸奖。

我们疼爱狗狗，但不能对狗狗过于溺爱，这样会让它无法界定首领和自己的边界，长期下去，它就会发展为不听号令，从而给主人带来麻烦。

树立做主人的权威，就应该当狗狗试图跳到主人后背或从正面推拱主人时，要走开不理它；在全家人都吃完饭以后才喂狗狗；狗狗是全家最后一个出门的；当狗狗服从了命令才会得到相应的奖励，如食物、抚拍、拥抱等。

作为团队的"首领"，主人应在狗狗做错事的时候毫不犹豫地制止它、教导它，在完成了训练时，要及时准确地给予它夸奖，这是首领的责任，也是主人的责任。赏罚分明，会让狗狗更加崇拜你，认可你的"王者之风"，更加忠诚地追随你，你会发现狗狗时时刻刻都想追随在你的身边。树立主人权威，要注意以下的细节。

1. 别让狗狗牵着走

当我们带狗狗外出散步时，如果狗狗横冲直撞，拖着你跑，说明你在它心里的权威性是不够的，优秀狗狗的表现是无论它多兴奋，都会乖乖地跟在你的身侧。如果你的狗狗在散步时不太"规矩"，那你需要借助牵引绳给它正确的教导，如收短绳子。当狗狗一个劲儿地向前冲时，立刻拉紧绳子，制止它。

2. "抱大腿"是不对的

有时我们能看到狗会用前腿交叉夹住主人或他人的腿，做出类似交配的动作，这样的动作令人尴尬，但制止的原因却并不是因为这似乎在"耍流氓"，而是因为狗狗认为它和主人之间，它才是主导，也就是主从关系混淆，是领导权问题。

对于这样的行为，主人的态度应该是立即制止，马上说"不!"或以行动制止，如立刻换一个房间，或立刻把它关在另一个房间，否则就是纵容。

3. 不要误解"翻肚皮"

在我们固有的认知中，当小动物把肚皮露给你看的时候，往往表示的是驯服和顺从。因此，当狗狗做错了事，把肚皮翻过来，主人就会认为狗狗认错了，于是停止了训斥。实际上，狗狗是非常精明的，它在与你长久相处的过程中发现，当自己把肚皮露出来的时候，主人就会停止"战争"，这是一种非常有效的方式，于是它就牢记了这一点，以翻肚皮来表示"我不跟你吵,别揍我"。所以,有的主人常常纳闷,怎么认错了却不改呢?

对于有些强势的狗狗来说,它不愿意做出翻肚皮这样的动作,也可以说,它还没有承认主人的首领地位。有的主人认为可以保持狗狗的个性,这是不恰当的。狗狗不承认主人的首领地位,就证明主人还不能完全驯服狗,狗狗的服从性欠缺,就会在有意无意中做错事。我们要做的,是尽量耐心地抚慰狗狗,让狗狗放松,信赖我们,并稍稍施力,轻轻抚摸,使它敞开心扉,翻转肚皮,变得更加温顺。

4. 要训练狗狗"绝对服从"

狗服从人类这一点不容置疑。作为进入人类社会的狗,最重要的就是要对主人绝对服从。未经训练的幼犬,有可能注意力不能集中、听不懂命令,应从小加强注意力训练,促使狗狗学会"绝对服从"。

5. 要树立衣食父母的权威

在动物界,或者说在生物进化中,为了争夺食物不惜生命是一种现实。狗狗本能地捍卫食物,在进食时甚至不允许别人观看和靠近,当有人伸手去拿它的食物时,它会低吼、呲牙甚至咬伤人,俗称"护食"。有的主人发现这一点后,或不予以纠正，或束手无策，任其发展。护食的习惯会增加狗狗的威胁性，它会本能地在这个时刻恐吓他人，变得极为警惕。护食行为的背后依然是"等级不明"的问题。

如果护食习惯没有得到纠正，长大后的狗狗会变本加厉，对玩具、领地都会"很霸道"地不让外人侵犯，甚至因此变得容易攻击人类。

主人想要让狗狗改掉这一点，应尽量从幼犬时进行训练。2~4月的狗狗乳牙并不锋利，记忆力却在增强。当我们把食盆放下后，不要立刻走开，在旁边跟它说话，或用手抚摸它，让它习惯旁边有人存在，也相信主人不会抢夺它的食物。注意切勿操之过急。如果它有了抗拒的苗头，发出呼呼声或斜眼看人，那就撤走它的食物，当它恢复平静，再夸奖它、抚摸它，再把食物给它。最终目的是让狗狗明白，主人是给予食物的人，而不是夺走食物的人。把食物放在手心或把食盆拿在手里，也会让狗狗明白这一点。

有的主人会在狗狗"护食"的时候打它，这种方法起到的作用是相反的。越打，狗狗就越会为捍卫食物而战斗，它认为食物是有限的。主人不断给它补充，它就会逐渐明白，食物是充裕的，危机感就会降低。

6. 面对撒娇，不要娇惯

　　狗狗总是希望得到主人的关注，但即使再聪明，它也听不懂人说的话。如果有一种方法能吸引你的注意力，它就会屡次使用。比如在笼子里一叫，你就过来哄它，时间长了，你就发现狗狗被你惯出了坏习惯。主人应尽量对狗狗的错误行为表示冷漠，不要理会，如果你以训斥的方式"理会"它，它只会把训斥当成了它吸引主人注意的胜利方式——吠叫等同得到主人的注意。所以，对狗狗错误的行为你要低沉而严肃地说"不"，如果它改了，你就要大力奖励它。这样才能让狗狗明白什么是对什么是错。适当的冷漠和距离，才能降低狗狗的期盼，等它发现这种方法没用，也就不会再重复了。

★专题 你的小狗会"作揖"吗?

狗狗如果会"作揖"，那会更加受到主人及其周围人的喜爱。我们在生活中，也看到过有些狗狗"作揖"，逗得周围的人都哈哈大笑，实在是太好玩了。所以如果想要你的狗狗也会"作揖"，首先要遵循几点原则。

① 接受训练的狗狗在半岁至一岁的年龄效果最佳。因为一岁以前的狗狗智力还没有发育成熟，不适合做太多的训练，而一岁以后的狗狗可能已经形成了一些固定的毛病和习惯，如果想要纠正过来，也是比较困难的。所以，最好选在半岁到一岁的时候训练狗狗，这样能够起到事半功倍的效果。

② 训练狗狗要注意时间的把控。最好选在每天中午或者下午的时间段进行，因为这时候狗狗的胃口最好。训练狗狗的时间不宜过长，以免过度劳累，时间太短也不好达到训练的强度，最好能控制在每天两个小时左右，中途也要适当休息一下。

③ 选择合适的犬种进行训练。因为不同的狗狗领悟能力不同，它们跟人一样，有的聪明，有的笨拙。善于奔跑的斑点狗虽然很聪明、可塑性强，可是让它学会站立和作揖，那实在有些难为狗狗了。相反，看起来有些"傻"的京巴，在练习这些动

作的时候就显得尤为聪明，一般一两天的时间就能学会站立，一个星期左右就能掌握作揖的本领。所以说，狗狗聪明还是笨都是相对而言的，选对了就是最合适的。

④ 训练狗狗时耐心是必不可少的，狗狗对于新技能，跟人一样也需要一个学习的过程。如果急于求成，训练强度超过狗狗的接受程度，或者主人忍受不了狗狗的不配合，就很难成功。对于狗狗最好的方法就是软硬兼施，如果狗狗表现好，就可以给它奖励，如果狗狗确实不走心，耍赖偷懒，就要给狗狗适当来点惩罚，板起面孔、拍下屁股或敲下它的脑袋。千万不能过度惩罚，用过紧的项圈、大声呵斥，都会引起狗狗的逆反心理。

如果以上几点都符合的时候，那么主人们就可以放心大胆地训练自己的狗狗了。那么，训练狗狗"作揖"都要注意哪些问题呢？下面，我们就来提前了解一下。

① 我们在训练前要做的是不要给狗狗吃太多的食物，适当饿着点狗狗，会让主人手中的食物奖励更加有诱惑力，也会让狗狗更有动力接受训练。

② 接受"作揖"训练的狗狗，一定要佩戴项圈。在训练狗狗的时候，要一只手拿着食物，一只手拎着狗狗的项圈，帮助它保持站立的姿势。

③ 点食要准确及时。点食是驯兽的专业术语，就是喂食

的意思。当狗狗准确完成训练动作的时候,要及时给予狗狗食物的奖励,这一点在训练狗狗的时候是相当重要的。

④ 训练要固定使用相关口令,不能一会说"站",一会说"别起来"。狗狗的智商有限,而且把注意力都放在了食物上,如果你的口令太多、太乱,就可能让狗狗无所适从、头脑混乱,乃至训练的效果大打折扣。

⑤ 等狗狗会站了以后,就可以教狗狗转圈和"作揖"了。任何动作都不是一蹴而就的,所以教狗狗"作揖"也要一步一个脚印地来,如果急于求成,就可能适得其反,导致训练的失败。

下面,我们就来具体介绍一下如何训练狗狗"作揖"。

首先,给狗狗戴上颈圈,一手拿食物,一手拎颈圈,使狗狗用后腿站立;

其次,当狗狗站起来以后,使用口令"作揖",主人可以用手把着狗狗的前爪,手把手教它作揖的动作,同时不断地念叨"作揖"的口令,完成了"作揖"动作要及时给狗狗食物奖励。

最后,等狗狗会作揖了,还可以教狗狗转圈。要完成转圈训练,需要主人拿着食物围着狗狗的头部画圆,同时嘴里要念叨"转圈"的口令,如果狗狗完成了转圈动作,就把食物奖励给它,以资鼓励。

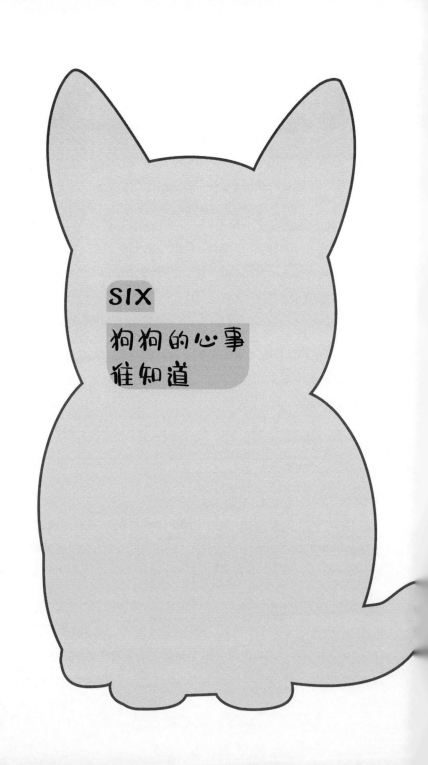

SIX

狗狗的心事
谁知道

一、读懂狗狗的肢体语言

狗是人类的好朋友，它们都很聪明、善解人意、忠诚，甚至在危难时刻可以挺身而出保护主人。但狗狗不会用语言表达自己的想法，它会通过眼、耳、口、尾巴及身体的动作来表达不同的感情和含义，主人要通过了解它的肢体语言来解读它的需求。

在日常生活中，我们可以通过狗狗的姿势、面部表情和声音了解到它的精神状态。当你能看懂它独特的表达方式之后，你就能明白它在想什么、它想要表达些什么了。

目光对视

在人类之间，目光交流都是一种非常高级而复杂的方式，更别说人和狗之间还跨越着物种。能不能与狗对视,存在各种说法,但人和狗的关系不同,狗的种类不同、性格不同,不能一概而论。

当我们的狗狗"正襟危坐",一双眼睛瞪得大大的看着你的时候,那么就说明它"有所求",比如你吃东西的时候,它会眼巴巴看着你以此来吸引你的注意力,希望得到你的分享。

如果你亲手喂养长大的狗狗用柔和而充满信赖的眼神看向你,你的心里能感受到它的顺从与忠诚,它的目光里绝没有威胁和挑衅的意思,这样的对视发生得自然而然。但是,如果你的狗狗做错了事,你用相当严厉的目光警告它,它不自然地撇过头,回避你,而你非要搬着狗狗的头与你对视,让它感受你的情绪,它会用撇开眼球的方式来表达自己的不安。

如果对视发生在两只不期而遇的狗狗之间,那意味着一场较量的大戏即将上演。

对于把阶层感刻在骨血里的狗狗来说,相遇的第一反应是决出谁的地位更高,为此不惜决一死战。但是在打斗之前,它们会先用眼神较量一番。

一动不动

我们理想中的狗狗最好的品质是忠诚,最贴心的是当你需要它过来时它就会乖乖围绕在你身边。有的主人常常抱怨，不明白为什么有时狗狗会忽然发呆，一动不动，怎么喊都不听。狗是公认的智商比较高的动物，而且以通人性著称，当它一动不动的时候，到底心里在想什么呢？这就要问主人了，狗狗忽然静止不动的行为发生在什么情况下？是否当时你在冲它吼叫，或者大声训斥呢？

通常的情况下，当主人大呼小叫、威吓或数落时，就会发生狗狗"呆若木鸡"的情况。这种行为其实是狗狗在向你"举双手投降"，它的意思是——不要号叫了，我没有威胁你。其实带有安慰对方的意思。

这种举动也会发生在狗和狗之间。一只狗跑过来，对着另一只狗绕圈，闻它的身体，而第二只狗一动不动，没有回应，那么第一只狗就会很快离开，第二只狗也会解除"暂停"状态。

所以，如果你的狗狗忽然一动不动，说明它虽然不懂你为什么咆哮，但它想安慰你，表明自己没有威胁。主人正确的做法是停止吼叫，改变态度，狗狗就会很快恢复正常。

在人类的世界里，一个人数落另一个人，为了和平，另一个人会主动认错，并做出安慰、道歉以及各种哄对方的行为，但对于犬类，它们的表现是"冷静"——这就是它们表示安慰的方式。

呜呜地叫

作为狗主人，我们发现狗狗有的时候也会撒娇，比如把下巴放在你的手上和脚上，和你同时打了个哈欠，充满信赖地目送你出门，不停地闻你身上的味道，想知道你去过哪里等。有时候，狗狗还会发出啊呜啊呜的叫声，想要获得主人的关注。不过大部分情况是饿了，或者想要玩一会，希望你摸一摸它、抱一抱它。主人此时回应它，就会增进双方的感情。

不过，狗狗在生病、求救的时候也会发出类似的声音，所以我们要观察狗狗的行为，判断它是在撒娇、生病还是求救。

趴在地上

趴着也是狗狗的常见行为之一。如果是在和主人玩游戏之后趴在地上，说明它感到疲倦，想要休息。如果狗狗每天都很活泼，有一天忽然无缘无故趴在地上一动不动，并且不吃不喝，那就可能是狗狗生病了，最好带狗狗去检查身体。有时候当你和狗狗吵架，你的狗却趴在地上，眼睛向上看，并露出眼白，也就是"翻白眼"，说明此时它不想理你。

撒头转身

有时候狗的某些行为也会偶然和人的行为类似，例如当我们对谈话对象所说的话不感兴趣或不耐烦的时候，下意识就会飘移视线，或偏头，"顾左右而言他"。狗也会采取类似"转身、侧面"的方式化解尴尬和压力。

当主人居高临下，所做的行为让面前的狗狗忽然撇头，并站着不动，那最好立刻停止你的行为，因为狗狗开始觉得不自在了，它感受到压力却不知如何化解危机。

我们遇到陌生的狗狗，如果交流不畅，也可以主动撇头，来化解眼前的尴尬。不过，最好采用平视的姿态让它看到。

在狗狗还幼小的时候，常常蹦跳着扑向你，希望多跟你玩一会，如果你对它说"别闹啦"这是没用的，你只要扭头、转身，不理它就好。如果它继续围绕着你，那你就不断地扭头、转身，会很快见效。

相反，如果狗狗主动对你扭头、转身，它也是在表达一种"回避矛盾，不要冲突"的想法，类似"你冷静一点"。如果人类按照自己的偏见，将这种扭头、转身当作是一种藐视，进而对狗狗大打出手，那就实在是大错特错了。

舔鼻头

这也是一个跟人类行为类似的举动。人类紧张的时候有各种表现，比如对手指、抓头发、舔嘴唇等。如果你发现狗狗忽然开始不断地用舌头舔鼻头，显得很不安的样子，它或许陷入了令它迷惑的状况，有点"发懵"。主人不妨多观察一下自家狗狗会在什么情况下屡屡舔鼻头，也许你抱起它，它就有点不自在，也许有别的狗忽然接近它的玩具，它就开始舔鼻头。面对陌生的狗狗，如果看到它忽然开始撇头、转身、舔鼻头，说明它的情绪有点紧绷，很不自在了。这个时候不要轻易招惹狗狗，小心它会防卫过当。

狗尾巴的秘密

对狗狗来说，狗尾巴是很重要的器官，不但起着维持身体平衡的作用，还能用不同的姿态来表达自己的不同感情。有一个成语叫"摇尾乞怜"，形容有些人卑躬屈膝，像狗那样摇着尾巴乞求主人爱怜。那么，摇尾巴，真的是狗狗在乞求爱怜吗？

事实上，狗在喜悦、恐惧、困惑时也会摇尾巴，仅通过摇尾巴来判断狗狗的情绪并不全面。如果你的狗狗不停地跳动，用前腿踏地，身体弯曲，晃着尾巴使劲地左右摇摆，耳朵还向后方扭动，说明它喜欢你，想跟你玩。如果它一边摇尾巴，一边喉咙里发出轻微的声音，也许还会舔主人的手和脸，这也是心情愉悦的表现。

不过，如果狗狗冲着你吠叫，尾巴也在摇动，那么说明它在警惕、防范你。如果狗狗做错了事，想要你原谅和宽恕它，它就会开始撒娇，把尾巴垂下来，鼻子发出轻微的声音。当狗狗难过时，它的尾巴会低垂着轻轻晃动，不但发出悲伤的叫声，还会摩擦主人的身体希望得到帮助。

另外，狗狗的肛门左右有两个腺体，会释放出独特的气味信息。如果狗狗夹着尾巴，避免气味散发，说明它此刻自认地位低下，要收敛自己的气味，降低自己的存在感。

当一群狗狗在一起玩耍时，它们的尾巴会来回摆动，这是自信、欢乐、满足的表现。

所以，如果你对狗狗并不熟悉，当你看到它摇动尾巴时不要放松警惕，要看看它的身体重心在哪，如果是在挑衅，狗狗会把重心放在前腿上。

不过，当狗狗来找你玩，它会收起前肘，前端俯低，后端抬高，好像在鞠躬，同时眼睛闪亮闪亮的，尾巴一个劲儿地摇动，仿佛在说："快来一起玩吧！"鞠躬后它会跳开几步，然后回头看看你是否接受了邀请。

有时候，当我们向狗狗发号施令时，发现狗狗尾巴向下，并且缓慢摆动，它的眼睛看向你，还会歪着头，那它很有可能没有听懂你的命令，你就需要再表达得清楚一点。

狗尾巴的语言异常丰富多样，还有以下常见的表现。

① 狗狗尾巴竖起并轻轻摇摆，这是狗狗在宣示它的主权，有点炫耀的心理，这时主人可以轻拍它的头表示认可，同时也显示主人对狗狗的领导权。

② 狗狗尾巴朝下并小幅度快速摇摆，这是狗狗在告诉主人它们有勇气，它们不害怕。

③ 尾巴水平并大幅摇摆，这是狗狗开心时的动作。

④ 狗狗笔直站立，并直直地盯着某人，耳朵、尾巴竖起，这是表示狗狗对对方有敌意。

生病的表现

狗狗不会说话，他们遭受痛苦的时候，如果主人能细心观察，就会很快发现它们的异常，及早治疗，让它们摆脱痛苦。例如，当狗狗最近一段时间总是在我们身上蹭来蹭去，或者希望主人替它抓痒时，虽然狗狗也以这样的方式来进行撒娇，但也有可能是因为得了皮肤病或者过敏。主人要做好排查，不可粗心大意。

1. 走路跌跌撞撞

　　细心的主人会发现当狗狗走路时出现跌跌撞撞的情况时，很可能是狗狗生病了。因为正常的狗狗走起路来很平稳，有时候虽然很淘气，撒个娇、打个滚的，但是一般不会摇摇晃晃的，更别说跌跌撞撞了。当狗狗大脑或神经受损的时候，狗狗就可能出现走路不稳的状况，狗狗可能出现了神经系统方面的疾病，也有可能是因为消化不好，或者其他的某些脏腑疾病引起的。这时候的狗狗还会伴有精神萎靡、懒动等症状，为了查明病因，我们一定要带狗狗去专业的宠物医院进行检查医治，以免治疗不及时出现生命危险。

2. 屁股蹭来蹭去

　　有时候狗狗会将屁股对着主人蹭来蹭去，这也许是狗狗向主人示好撒娇、请求爱抚的一种方式。不过，除了是狗狗正常的撒娇外，也可能是狗狗皮肤出现某种不适的信号，它们也会在地板或者沙发上蹭来蹭去，因为它们要通过这种方式来缓解皮肤瘙痒、疼痛的症状。

　　狗狗蹭屁股多是体内寄生虫引起的，寄生虫会让狗狗的肛门处瘙痒难耐,所以狗狗们才要不停地摩擦屁股。也有可能是因为狗狗肛门处发炎了,无论哪种情况,主人都要及时带狗狗去检查身体,以便狗狗尽快恢复过来。

3. 啃咬草皮

狗跟人类一样,可以吃素食。狗通常喜好吃肉,不过,经常单一地摄入一种食物,就可能让狗狗的身体缺乏某些必要的微量元素。当发现狗狗一段时间特别爱啃咬草皮的时候,可能是因为狗狗缺少某种维生素了,它需要靠吃草来补充。当狗狗胃部不舒服的时候也会选择吃草,增加膳食纤维,促进胃部的蠕动,以达到将胃里的杂物吐出来的目的。当然,也不排除一些狗狗天生就爱吃草的情况,如果不放心可以去咨询专业的医生,他们会帮狗狗诊断清楚的。

4. 夹尾巴

正常的狗狗夹尾巴多是因为顺从,或者害怕、紧张导致的。不过,当狗狗生病的时候,也可能出现夹尾巴的情况。因为身体生病引发某个部位的疼痛,让狗狗感到很痛苦,就好像自己受到了威胁一样,这时候会出现夹起尾巴、身体颤抖等现象。所以,狗狗如果长时间地夹着尾巴走路,主人就要提高警惕,这时狗狗可能生病了。

主人离家及回家的表现

如果你的狗狗能够非常淡定地目送你出门，那么恭喜你，说明你的狗狗非常自信，它确信你会回来，这是一种笃定的信赖，非常珍贵而难得。反之，如果主人每次出门，狗狗都会依依不舍、吵闹不休，如同生离死别，说明它非常不安。

作为群体动物，当狗狗单独被留在家里时，它会十分害怕有"坏人"袭击而吠叫、号叫不已，甚至因而随地大小便。有时候我们回到家发现很多东西被狗狗撕扯成碎片，这是因为被扯烂的东西都是带着主人气味的东西，它把这些东西当成保护自己的屏障。

主人不在家时，狗狗会很想念主人，当主人推门的一刹那，可能会冲出来热情地欢迎你回来。

爬跨行为

养过狗的人都知道，在带狗狗出去散步、跟其他狗狗交流玩耍的时候，狗狗会爬跨在另一只狗狗的身上，或是站起来，用爪子按住其他狗狗的身体。这种行为不仅发生在异性的狗狗之间，同性的狗狗之间也常有发生。当我们看到这样的情景的时候，第一反应可能是狗狗处于发情期，其实除了发情，狗狗的爬跨行为还有另一层深意。

狗狗之间爬跨行为的产生一般是在狗狗们进入青春期之后，月龄 6 ~ 8 个月的时候就会显现出来。而这段时期狗狗之间发生爬跨行为只有一个原因，那就是在争夺"老大"的地位，狗狗通过这种行为在向其他狗狗宣告"我才是这里的老大"，因为狗狗群体之间没有人与人之间的那种平等的关系模式，只有上与下的关系，想要确定谁才是高一级的老大，就要通过"爬跨"的方式来确定，以更好地明确狗狗们相互之间的阶层关系。

如果一只狗狗成功地爬跨在另一只狗狗的身上，那么它就成功地晋升到高一级的阶层，证明自己是狗狗们中充满力量和领导能力的强势狗狗。这种行为不仅发生在公狗和公狗之间，一些不甘示弱的母狗也会爬跨其他狗狗。只要狗狗想要宣示自己的主权地位，想要挑战权威，都会发生爬跨行为。

所以当看到狗狗之间发生爬跨行为时，并不用觉得这是狗狗们在发情，因为这很可能是狗狗们在争夺主权，争夺"老大"的社会地位呢！

外出时候的表现

带狗狗外出的时候，当狗狗露出牙齿低吼或狂叫的时候，很可能是陌生人或其他狗狗进入了它的领地，它表示很愤怒，它在警告对方"我才是这里的老大，你已经侵犯了我的地盘，如果再靠近的话，我就对你不客气了"。这种行为不仅发生在争强好胜的公狗之间，就连不好争斗的母狗也会这样。狗狗天生就具有很强的领地意识，特别是雄性。不仅狗狗，狮子、老虎、狼、猴子都有这样的本性，自己的领地是神圣不可侵犯的，自己的主人和交配对象都是不容侵犯的。所以安全起见，要尽量离这样的狗狗远一些，免得惹上不必要的麻烦。

不过，狗狗露出牙齿低吼或狂叫除了有警告和驱赶之意外，还表示狗狗感到危险来了，有些紧张害怕了，通过这种方式来掩盖自己的恐惧心理。遇到这种情况，狗狗主人们千万不要不当回事，以为这是狗狗的天性而置之不理，这对狗狗本身以及周边的人是很不负责任的行为。这时候要将狗狗拉开，远离人群，或者蹲下来安抚狗狗，消除狗狗的紧张情绪，以免酿成狗狗伤人的悲剧。

原来狗狗也有表情

除了尾巴，狗狗的眼睛也可以表现它的心理活动。

① 当它的瞳孔散大、眼睛上吊，这表明它很生气，主人也很容易能感觉到它眼睛里的愤怒。

② 如果狗狗的眼睛像被一层水雾笼罩，看上去可怜兮兮的，这时狗狗很寂寞、很悲伤，急需主人的安慰。

③ 狗狗的眼神如果流露着自信，说明它心情很不错，高兴、欣喜，这时可以和它一起玩耍。

④ 当它低着头，目光闪烁，并慢慢把身体挪向别处时，表示它很内疚，做错了事它心里也不好意思，对不起主人，希望主人看到它这副样子，就不要再责备了。

⑤ 当狗狗没有精神，同时眼睛里还有一些黏性分泌物时，狗狗这是生病了，主人一定要及时带狗狗就医。

有时，狗狗可能会舔主人，这个动作并不表示它喜欢你，而是想引起你的注意，可能是它饿了，或者其他事情，相当于婴儿的某种哭声。

二、狗狗的社交秘密

从幼年起就要带着狗狗认识不同的人、事、物，这是使狗狗成为友善的家庭宠物的必要训练，是社交能力的培养。狗狗可以成为一切人和动物的好朋友。

"绅士狗"的标准

想要让狗狗更好地融入人类生活，就要帮助狗狗熟悉人类社会生活，对狗狗进行全面的训练，使狗的行为符合社会规范，成为教养良好的"绅士狗"。

1. 行为绅士

教养良好的狗狗应该习惯佩戴项圈。项圈在狗狗出生一个月后就应该佩戴,随着它的体形生长更换调整。皮绳也是必要的装备,便于主人控制狗狗的行为。如果不喜欢皮绳,也可以使用胸腹带。主人在握绳子的时候应保持松弛状态,避免狗狗不适。

一只行为"绅士"的狗狗应能控制住冲动,不惧怕外面的环境,包括汽车的噪声、陌生的人群、各种复杂的味道。对第一次见到的陌生物体不会"大惊小怪",吠叫不已。

优秀的狗狗习惯走在主人左侧,即使主人不用绳子拉紧,也会牢记紧跟主人步伐,不会因为贪玩甩开主人,或冲到主人前面,更别说拖着主人行走了。

出于对主人的信赖,优秀的狗狗习惯被人类触摸,甚至接受主人用手指掰开自己的嘴,就算被碰到尾巴和脚后跟,也不会反应过激。

2. 用餐有礼

作为一只优秀的狗狗,必然能做到在用餐前静静等待,当主人下令用餐时才会规规矩矩吃饭。它不会在主人吃饭时蹿上饭桌,也不会把脚搭上桌椅。它有自己固定的用餐场所,并且绝不偏食。它会牢记那些它不能吃的东西,比如芥末、辣椒以及那些不能吃的骨头。

3. 爱干净

犬类祖先告诉自己的后代,不可在睡眠处排便。堪称绅士的狗狗绝不会有随地大小便的陋习,它会在固定的场所排便。另外,狗狗还能接受梳毛、刷牙、洗澡等护理。

4. 服从命令

优秀的狗狗能够领会主人的各种命令,准确做出各种动作。当主人下令时,它的服从性更高。需要坐下时便坐下,需要等待时等待,主人召唤时立刻回来,主人说"不"的时候,马上放弃在做的事。从不乱叫,也不随意破坏东西。

当一天结束时,和主人说晚安以后,绅士一样的狗狗会钻进笼子里,享受自己的这一方天地。

狗的"社会化"

所谓狗狗的社会化训练,也就是让狗狗在进入人类社会生活前做好准备,学习和熟悉人、动物和环境,通俗地说,就是"见世面"。 幼犬时期,社会化活动就应该准备开始进行了。了解一下那些被人类放弃的狗狗,很多都是因为行为出现了问题。而行为问题的根源就是社会化训练的不足,狗狗容易受惊,从而进攻性强。

狗狗缺乏社会化的主要表现有：

① 出门总是过度紧张和害怕。

② 见到陌生人退缩、吠叫甚至咬人。

③ 见到其他狗时害怕，与其他狗玩耍时用力不当或行为粗鲁，被其他狗嫌弃。

④ 害怕新出现的任何东西。

⑤ 兴奋起来很难恢复平静。

总之，就是经常"大惊小怪""防卫过度"，容易受到惊吓，出于害怕不停地吠叫、恐吓对手。就仿佛一个人从小与世隔绝，除了父母再没见过陌生人，没有去过公共场所，对所见到的东西也会觉得处处稀奇。

幼犬时期的社会化活动尤为重要，可以大大降低成年后可能会出现的问题，也有助于建立主人和狗狗之间的良好关系。按照国外的"犬教育"理念，"社会化训练"的最佳时期在新生狗狗离乳期后 10 ~ 200 天期间。动物学家们则认为，狗狗对于同类和非同类的社会化时期，只有出生后三个月的时间而已。训练结束，狗狗被带到新家庭去接触外面世界时，已经是个有礼貌、不具有攻击性的乖狗狗。

值得一提的是，6 周以前的幼犬最好不要和母犬分离，因为母犬会传授给它很多本领，与一窝兄弟姐妹共同生活对狗狗的健康成长来说也是必不可少的。

　　社会化训练需要带狗狗见识各种新鲜事物，带它迎接各种挑战，一只进行过良好社会化训练的狗狗会非常自信、友好和勇敢。

　　如果主人在狗狗三四个月的时候才开始饲养狗狗，它已经有些不好的习惯怎么办呢？没关系，我们继续教导它，主人最好制订一个详细的计划。这样的计划是非常有必要的，因为想要改变成年狗狗的认知和行为会更难。

　　最初，我们先设置一个"抚摸"时间，让幼犬习惯人类的抚摸和触碰，让它认识到，被人类碰触是一种很舒服的享受。时间不用太长，每天 5 ~ 15 分钟即可，提高幼犬对人类社会的认知。

　　其次，为狗狗筛选出可以作为"景观"的安全场景。如树木、水边、公路、车辆、昆虫、其他动物、拄着拐杖的老爷爷、身材矮小的孩子、戴帽子的女人、坐着轮椅的人……

　　第三，筛选出狗狗以后日常中会大量接触的各种声音，如电视机开着的声音、洗衣机运转的声音、空调打开的声音、门外邻居的开门关门声、门铃的声音、塑料袋的声音……各种材质的物品也尽可能地让狗狗接触到。

第四,筛选出散发着诱人味道的食物。准备狗狗平时没有吃过、见过的食物,保持狗狗的好奇心,让它体验更多。

细心的主人会尽力选择安全可控的环境,并且在介绍一种新鲜事物时,尽量保持单一,这样可以确定狗狗害怕什么、对什么过激或过敏,为将来的训练和生活做好准备。

对狗狗的社会化训练可以渗透于生活中,狗狗会在主人的鼓励中体验不同的事物,积极探索,而它越是"见识广大",将来就会越少出现行为问题,也就越能成为一只出众的宠物。

当狗狗遇到猫大人

在旧有观念里,猫狗是天敌,但现在人们已经把猫狗共养视为一种潮流和时尚,认为狗狗天生热情,猫咪天生高贵冷淡,正如一对欢喜冤家,十分有"戏"。不过,想要让猫狗共处不能过于一厢情愿,一般情况下,成年猫是无法接受成年狗的,成年狗也只会把成年猫当成猎物,本能地去追逐,双方警戒心很强。如果你非要把它们撮合在一起,想必要过上"鸡飞狗跳"的日子了。所以,如果你真的很想猫狗共养,那就最好保证两者之间一方是年幼的,最好的情况是将还是幼崽的狗狗介绍给猫咪,两者体形相差不大,更容易接受彼此。

以下几种情况是猫狗共养需要注意的地方。

1. 第一次见面

猫咪天生安静,容易收到惊吓,体型的差异会让猫咪见到狗狗的时候立刻逃跑,而作为善于追逐的犬类,狗会立刻把猫当成猎物,开始捕捉。此时,主人应立刻予以制止,打断这种认知的养成。

正确的做法是让猫和狗居住在不同的空间里,见不到面,却可以熟悉对方的味道,接受对方的存在。主人可以用一些方法加强双方的熟悉,比如用摸了一只宠物的手再去摸另一只,将两者的隔离空间互换,混合双方的气味;也可以把狗狗的毛巾放在猫碗的下面,让猫咪能接受狗狗的气味。

将双方隔离三四天后,两者都逐渐放松下来,就可以正式介绍两个小家伙见面了。

主人把猫咪抱起来安抚它的情绪,以小而慢的步子接近狗，并随时观察狗的反应，如果狗狗过于兴奋或焦躁，那就等双方冷静后下次再继续。最初阶段，无需让二者有身体接触，只要让二者能在认知上习惯对方的存在即可。

值得注意的是，主人一定不可偏心。如果对新来的小家伙过于宠爱，一定会引起"老家伙"的"醋意"，相信这一定是主人不愿意见到的。

猫狗共处是一个过程，一开始必然是矛盾重重，所以有一个简短和平的见面就已经达到了目的，以后可以逐渐增加相处时间。

2. 共同生活

在狗狗没有放弃捕捉猫咪之前，还是需要用狗绳把狗拴住。如果狗狗表现不友好，主人就要进行干预，转移狗狗的注意力，让它玩一会儿或进行服从训练，但避免训斥狗狗。只有正面教导，才会让狗狗学会和猫咪和平共处。

和平共处包括不理不睬和不挑起战争，这样的表现已经非常值得嘉奖。主人要想办法把猫咪和愉悦感联系在一起，而不是妒忌和恐惧。

最后，我们要为猫咪设置"安全角"，也就是猫咪逃跑的藏身之处。因为猫和狗相比，身形较小的猫一般不会是先发动攻击的那一方。对猫狗和平共处的期待不要过高，主人是想为宠物生活多制造一种可能、为爱宠找一个伙伴，而不是让它们受伤。所以，万一猫咪和狗狗真的完全不能共处，那就放弃吧，不要难为它们了。

狗狗也会争宠吗

在狗狗的观念里，它们是有领地之分、等级之分的。所以如果是两只及两只以上的狗狗生活在一起，它们也一定想通过争斗来为自己争取地位。在人与狗的关系中，人必须是真正的主人。

有了这个前提，主人就可以帮助狗狗确立尊卑位序，地位高一点的狗狗可以多分配一些狗粮，待遇要更好一些，但也要合理调节它们之间的矛盾，不可一味地袒护某只狗狗，在区别对待时，不可以引起其他狗狗的嫉恨。

以喂食为例。主人最好先喂"旧"狗，等它吃饱了，再喂新来的狗，这样会让两只狗明确知道谁是地位高的那个。等两只狗相处一段时间，成为伙伴后，就不用再特别进行训练，因为它们能在表面上和平共处即可。一个有趣的现象是，同性的狗之间常常因护食产生矛盾，但异性狗狗之间，公狗都会非常有风度地让小母狗先吃，如果有多只公狗和一只母狗，它们也会遵从让母狗优先的规则，十分让人惊叹。

不过，最好还是让它们自行决定地位高低。幼犬在长大后，就会对家里的大狗发动攻击，希望占有对方的玩具、食物、笼子，如果家里的两只狗势均力敌，又无法割爱，那么只能用绝育的方法，希望能有所帮助。

狗狗为何而战

想要养出一条理想的狗，就要了解狗的天性。狗的群体是非常重视地位高低的，即便是一窝刚出生的兄弟，几个月后，它们也会决出等级，再依照这个等级次序生活。如果主人养了同一窝的两只小狗，并且按照人类观念，一视同仁，那么这两个兄弟很可能会"手足相残"。现实情况就是，无论主人怎么平衡，都会使两只狗之间的斗争无法平息。

另外，狗狗继承了祖先的一些习性，当新来的狗狗在群体里出现时，狗狗可能会闻气味认识对方，也可能会通过撕咬来获取信息、确立双方的地位。

当两只狗狗体型差不多时，可以不干涉，当战斗结束时，可以将狗狗悄悄带走，因为双方地位已确定；如果两只狗狗体型相差悬殊，或一只有残疾，请立即分开它们，因为咬伤的结果可能会非常严重。

如果狗狗为争夺食物、玩具而大战，请尽量少带零食出来遛狗。

当狗狗为争夺交配权而打架时，就看主人的选择了，一般情况下，还是尽量避免让处于发情期的狗狗遛弯。

来自汪星人的攻击

被称为"汪星人"的狗进化自原古灰狼，原古灰狼是捕猎高手，成为人类的助手后，也依然保留着攻击性，即使我们把其驯化为宠物，对这一点也要有清晰的认知。

当18个月~2岁之间，狗狗的等级观念成熟时，有些天性强势的狗狗已经意识到自己处于下层阶级，它渴望权威，希望成为头领，希望成为"管理层"，这时它会进行试探。这类攻击被称为"君王攻击"，表现为当狗狗睡觉被吵醒或被要求做一件它完全不喜欢的事情时，表现出明显的不驯服，如号叫、护食以及占有性攻击。

有的领养的狗狗曾经受过虐待，即使现在被温柔对待，但曾经的阴影让它们无法摆脱，它们常常发抖、吠叫、大小便失禁、竖起毛发、非常紧张，因而出现攻击行为。这样的狗狗需要药物治疗，也需要专家帮助，一般的家庭恐怕很难应对。

占有性攻击也常常出现在狗的行为中。它们将某个玩具视为"禁脔"，无论主人如何下令都不肯交出，有强迫行为就会低吼、咬人。

刚生过小狗的母犬很容易攻击摸小狗的人，过激时它甚至会杀死小狗。

犬类还有一种攻击行为需要注意，例如主人制止它攻击客人，狗反而转身咬向主人。

另外，犬类和人类一样，有些个体天生有精神类疾病，会进行"自发性攻击"，这种狗是不适合驯养的。

狗的性格不同，有些狗狗在见到陌生同类时总是主动攻击对方，无论对方的年龄、性别和大小，对于这种攻击性强的狗狗，也只能求助专家。

你是不是真的会遛狗

很多人喜欢饭后或周末休息的时候遛狗，而且也会认为经常遛狗对狗狗身体好，老实说，不是所有的遛狗方式都很适宜，那么有哪些错误的遛狗方式呢？

1. 不带牵引绳

经常有人认为，我家狗狗很乖的，不会咬人。可能在家的时候确实如此，可是到了户外，经常有意外发生，比如突然出现一只猫咪，狗狗可能会去追赶猫咪；或者有一辆车突然按了喇叭，狗狗受惊，可能会冲向人群，也可能会冲上马路，后果不堪设想。

2. 骄阳下遛狗

虽然说阳光有杀菌作用，并且对狗狗身体有好处，但这种阳光指的是照在身上暖暖的阳光，而不是在烈日下。烈日下遛狗可能会晒伤狗狗，更严重的还可能引起狗狗中暑。

3. 让狗狗带着人跑

也许主人会认为让狗狗自由选择路线、速度，是让狗狗放松的最好方式，因此任由狗狗在前面带着自己跑。老实说，这不是遛狗，而是狗遛人，在这种情况下，狗狗如果一下子窜到马路上,危险可能就来了。

4. 进草丛

草丛里存在另一种健康威胁,就是蜱虫,这种吸血的虫子会依附在狗狗的身体上。虽然说主人可能会在为狗狗洗澡的时候仔细检查,但毕竟不能保证每天都洗澡,而且这种虫子狗狗自己是清除不了的,所以会增加狗狗的痛苦。

★专题 为什么不能摸陌生狗狗的头

摸狗狗的头是一件危险的事情，即使是幼犬，即使是出于好意，也不要拍打它的头，否则可能使它受到惊吓，甚至它会咬人。这是为什么呢？

因为对于一只没有怎么接触过人类的狗狗来说，人这种生物高大威猛，从狗狗的角度看去，即使人俯身，也还是足够有威胁。当人伸出手来摸狗狗头时，狗狗看不到人的手，对于看不到的东西，狗狗天生就会害怕。当人的手伸向狗狗头顶时，狗狗会有一种紧张的感觉，它会不自觉地后退，躲避人的手。如果人硬要摸，那狗狗可能会吼叫，甚至咬人。其实可以让狗狗先闻闻自己的手，因为人类是靠眼睛获取信息的，而狗狗是靠嗅觉区分事物的，所以通过嗅觉，狗狗会初步认识人。接下来，可以摸摸狗狗的下巴、耳根、前胸，这些地方狗狗能看到人的手，并且对狗狗来说也是相对安全、抚摸起来也比较舒服的地方，这样与狗狗的交流就初步建立了。

其实人潜意识中是害怕狗狗的嘴的，即使是幼犬，它的牙齿也足以咬破人的手指，所以人通常不敢让狗狗嗅自己的手，而是伸向狗狗头部相对比较安全的地方。但狗狗与人类还是存在认知误区，所以才会导致上面的误解，只有理解了狗狗的心理，才会正确地对待陌生狗狗。

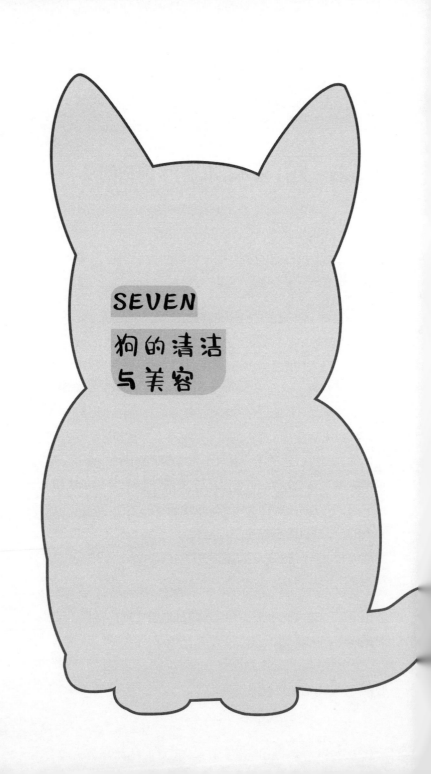

SEVEN

狗的清洁
与美容

一、日常养护是基础

一般来说，犬的护理工作是指在家里对犬体的外在部位进行的日常清理和梳洗，其目的主要是对宠物犬的被毛进行最基本的养护，使之保持美观。而宠物犬美容方面的操作专业性强、技术要求高，通常需在宠物美容店里由宠物美容师来做，有的项目甚至需要请外科兽医师进行操作。

主人可以让狗狗适应被爱抚，这样日常护理就会更顺利一些，主人要确保它能接受抚摸而不反抗，这样不管是滴耳、梳理被毛，还是修剪趾甲、刷牙，狗狗都不会再极力挣扎了。

所谓"狗味"的来源

狗狗身上可能会有一股难闻的臭味，尤其是夏天，其实这些臭味来自两个方面，一方面可能是狗狗的耳朵、口腔、肛门、消化系统出现疾病，另一方面是狗狗的皮脂腺会分泌一种油脂，这种油脂可以防止外来病原入侵，但这种油脂天生有一点腥臭。

耳朵疾病主要是有耳螨寄生或中耳炎，只要用正确的方法清理耳垢，就能避免这种情况发生。当出现疾病症状时，可以先用棉棒清理干净耳道，再滴入抗螨或消炎药。

口腔异味的主要原因是食物残渣未清理干净，或是牙周病，或是消化系统疾病，处理的办法是食物残渣会被口腔内的唾液冲走，不用太担心，勤刷牙可以减少食物残留；而牙周病就需要看医生了；消化系统的疾病则与狗狗的饮食有关，避免给狗狗吃腐败变质的食物，并且应以狗粮为主，不要喂食人吃的食物。

肛门臭，可能是狗狗便便粘在了尾巴或腿部的毛发上，只需要清洗就会好。如果肛门附近的皮肤出现红肿，或者长出了小脓包，可能是肛门腺发炎，可以涂抹红霉素软膏，并且在给狗狗洗澡的时候，给狗狗挤肛门腺。家庭宠物狗狗，会因运动量减少，不能把多余的肛门腺液排出体外，而造成肛门腺液堆积，使肛门腺堵塞而肿胀。

皮肤出现异味，可以通过给狗狗洗澡来驱除，但也不要洗太勤，一般夏天一周一次、冬天两周一次；如果皮肤出现红肿，则属于皮肤病，需要医生诊断。

日常卫生与清理

养宠物，就要对它的一切负责，自然也包括卫生清洁。日常的卫生清理工作包括：毛发、趾甲、耳朵、牙齿、眼睛和肛门的清洁。

1. 梳理毛发

犬种不同，狗狗毛发的颜色、长度、发质也不同。短毛犬的梳理要以去除毛结和污垢为主，长毛犬的梳理重点是毛发疏通，如果缠结过于严重，也只能将其剪掉。长毛犬的毛团大多出现在耳后和腿下部，使用梳子从毛根部往外梳理时，感觉到打结处，用剪刀剪掉，不可伤及皮肤。剪毛时最好先让狗狗熟悉一下剪毛器的声音，并用食物来奖励狗狗。

2. 洗澡

洗澡是一项庞大的工程，如果狗狗身体虚弱，那就应避免频繁洗澡，冬季气温过低，也容易引起感冒，应尽量少洗或不洗。洗澡最好快速进行，使用专门的浴液，顺序为背、四肢、尾部、腹部,最后洗头部。注意保护眼睛和耳朵。

3. 清洁耳部

在狗狗习惯它的内耳被抚弄后,轻轻拉起狗狗的耳朵,检查它的耳朵是否呈正常的淡粉色、有没有异味、有没有过多的耳屎,如果有,可以轻轻擦拭。至少每月一次。擦拭时使用脱脂棉蘸取消毒液,擦掉耳背、外耳道内的污物。如果耳道内有蜡状液体流出,那么可能是有寄生虫。如果有脓状物,可能发生了感染。如果我们发现犬总是把头伸向一侧,用爪挠耳背,也表示耳部患病,需要送医。

4. 清洁眼睛

狗狗眼部的清洁,需要平时使用生理盐水定期进行。如果眼睛有分泌物,则应先用硼酸水清洗,再涂上专用眼药膏,如果有异物进入最好寻找兽医治疗。

5. 清洁牙齿

对成年犬来说,磨牙有助于锻炼齿龈。犬口腔内容易长齿石,从而引发牙龈炎和口臭,所以每隔一段时间就让兽医帮助狗狗去除齿石是很有必要的。给狗狗刷牙也是口腔护理的组成部分,要选用狗狗专用品,不要使用成人牙膏;可以尝试从每天清洁一颗牙齿开始,使狗狗慢慢习惯;有些狗狗专用的啃咬物品也能帮助清洁狗狗牙齿。

6. 修剪趾甲

这要根据狗狗的生活环境决定。如果狗狗大多在粗糙地面上活动，趾甲一般会被自行打磨，如果大多在平滑的地板上活动，那么趾甲的定期修剪是很有必要的。

7. 挤肛门腺

为狗狗挤肛门腺是防止狗狗屁股发炎的重要方法。用左手提起狗狗尾巴，露出狗狗屁股，用右手挤狗狗的腺门，稍微用点力气就会挤出一种比较臭的液体，这就是要挤的东西，可以用纸包住挤或戴手套挤。挤肛门腺一般 1~3 个月一次就可以了，挤得太频繁狗狗就会降低抵抗病菌的能力，挤少了又容易感染。

8. 清理排泄物

狗的粪便应及时清理，不然容易滋生细菌。如果拖得时间太长，异味会越来越重，也会越来越脏，对人的健康不利。

洗澡是个大工程

如果养的是小型犬，那么给狗狗洗澡相对要容易许多，但是一定要做好准备工作，不然狗狗可能会感冒。在家给狗狗洗澡,最好遵循以下流程。

① 在给狗狗洗澡前,我们最好先带狗狗排便。

② 洗澡前要先为狗狗进行毛发梳理,如果毛发沾水,只会让打结的地方更加不好处理。所以要先拿起梳子,把泥块、柏油、口香糖、毛结去除掉。

③ 可以顺道替狗狗挤肛门腺。一般来说,一年至少要挤3~4次,如果很久没给狗狗挤肛门腺,不如在洗澡前先进行这一项目。

④ 狗狗洗澡是需要保持站立姿势的,我们在训练狗狗时不妨加入洗澡训练,让它习惯"主人在自己站立时"所做的一系列清洁工作。先让狗狗自己在盆里或桶里站好,以适当的水温将狗狗身体淋湿,同时进行轻轻的梳理。要避免狗狗被突然的冲水声吓到,先让狗狗适应水温,然后顺着背、肩、臀、腹背、四肢的顺序淋湿狗狗,把脏东西冲干净。

⑤ 使用专用的浴液或洗毛剂,先进行稀释,然后沿着狗狗的背部到臀部,顺着毛发的方向进行搓揉,全身搓揉出泡沫。

⑥ 在给狗狗洗头和胸时,最好用一只手抓住它的嘴,然后用另一只手给它搓洗,以免它躲来躲去,或者舔身上的泡沫,

如果两个人可以配合就更好了。先洗干净身体，再去洗头部。切记，一定不要让泡沫溅到狗狗的眼睛、耳朵和嘴里，必要时可以用棉花团塞住狗狗耳朵，以免进水引起发炎。

⑦ 清洗脚底时注意不要让狗狗滑倒。

⑧ 冲水是最后的步骤。先冲洗头部，从头部逐渐向身体冲洗。浴液务必冲洗干净，不然会引起皮肤问题。

洗澡使狗狗皮毛上的油脂得以清理，对狗狗来说，抵抗力也随之下降。所以，洗澡完成后，应立即用毛巾或吹风机把狗狗擦干或吹干，不要让它自然风干。所以，如果我们在家为狗狗洗澡，最好选在上午或中午的时间，因为气温低或阴雨天都会让狗狗受凉或引起其他健康问题。

别忘给狗狗洗眼睛

不管是为狗狗清理眼部，还是为狗狗上眼药，都需要对狗狗进行一下简单的训练，让狗狗对主人接近自己的眼睛不至于恐惧。

训练通过零食诱导完成，先让狗狗能够自动把下巴放到主人手上，做到后及时给予奖励。当狗狗主动把下巴放到主人手上时，那么主人另一只手就拿出零食和眼药，如果狗狗能做到不躲避,那么就给狗狗奖励。

我们把眼药放到离狗狗眼睛更近的地方,狗狗保持不动,那就继续给它奖励。

最后给狗狗滴入眼药水,马上给狗狗零食奖励。

通过训练,狗狗就会把眼药水和最喜欢的食物联系在一起,不会因为滴入眼药水的体验而下次拒绝让主人靠近。

狗狗的内眼角分泌物呈现棕红色,如果不清理就会在干涸后凝在眼角,时间长了,连眼角周围的毛毛都变了颜色。一般来说,我们可以帮助狗狗每天洗一次眼,清除眼屎和灰尘,只需用软布浸湿,擦去眼垢,或用棉球蘸眼药水擦拭即可。如果分泌物过多,可能要用 2% 的硼酸溶液冲洗。

早晨起床后,给狗狗洗脸时顺便用毛巾帮它清洁眼睛就可以了。不过,如果狗狗的眼睛出现了异常情况,比如结膜发炎或肿胀,那么一定要特别小心,最好带它去看医生。

狗狗的眼部清洁和护理应该是每天坚持进行的,这样才能保证狗狗眼睛的健康。最好每天给狗狗滴几滴专用的眼药水,以免发炎。

有时狗狗的眼睛会长倒睫毛,那么清洁和护理是不够的,还要定期给狗狗拔除倒睫毛。

定期给狗狗剪趾甲

在野外，为生存奔波的野狗的趾甲会被自然磨损，而与人类共同生活的宠物狗运动量远远不足，又无需捕猎，趾甲却一直在生长，主人只好费心费力帮它修剪了。猫咪和狗狗一样，如果趾甲长期不修理，就有可能抓伤人，即使它不带有攻击性，但也会很麻烦。对它自身来说，长长的趾甲也不利于行动。

给狗狗剪趾甲需要用到专用的趾甲刀。对比人的趾甲和狗的趾甲，二者形状不同，人的趾甲很平，而狗狗的趾甲是锥形的，因此你需要准备一把专门的剪刀（图7-1）。

图7-1 狗狗专用趾甲剪

仔细观察，狗狗的趾甲里有一条很细的血线，那是狗狗的毛细血管，如果剪到这条血线，狗狗会很疼，就像人剪到了自己的肉一样。所以我们只需剪掉前段的尖端就可以了。

剪趾甲的时候，需要让狗狗的趾甲和剪刀形成45°角，这样剪完才会平整，剪完后再打磨整齐，以免钩挂（图7-2）。

图7-2 剪趾甲的姿势

给狗狗剪趾甲也要选好时机，最好事先让它熟悉这把趾甲刀，再把它最爱的零食拿出来，分散它的注意力。表现好，就给它奖励和爱抚。

第一次剪趾甲可能会略微困难，但熟练之后，只要你不是总是剪到它的肉，出于对主人的绝对信任，相信它会非常配合你的好意。

被毛梳理有耐心

狗的全身被毛发覆盖，如果清洁不到位，很容易滋生细菌或长跳蚤。一些皮肤疾病也是毛皮污垢太多而引起的，如湿疹感染等。如果不重视狗狗的卫生，它可能会结痂、掉毛、长秃斑，如果主人一时懒惰，可能此时就会后悔莫及。

如果狗狗真的得了皮肤病，主人也不要过于担忧传染自身，首先要给狗狗涂抹对症的药膏，必要时得搭配药浴。皮肤病的治疗需要时间，主人有耐心才能帮助狗狗恢复健康，但根本上，还是要培养狗狗良好的卫生习惯，如让狗狗远离垃圾。

出于天性，狗狗好奇心强，又贪嘴，一不留神，可能就钻到了垃圾、泥浆里，沾染病菌甚至吃下变质的东西。

另外，也要经常为狗狗进行被毛梳理。被毛梳理是爱的延伸，狗狗和主人应该视其为快乐和享受，不要将其当成任务。这种交流有助于亲密关系的建立，也使狗狗感到轻松惬意，对它们的皮肤和被毛有很大的好处。

训练狗狗接受梳理时，要让狗狗站立在毛巾上静止不动，如果做到了就给予奖励。让它熟悉每一种梳子，但不要让它啃咬。梳理的时间慢慢由短变长，当它能习惯性地站立一段时间后，就可以进行日常梳理了。

梳理的工具有橡胶梳、手套梳、针梳、鬃毛梳、细齿梳。橡胶梳、手套梳用来除掉短被毛犬身上脱落的被毛，鬃毛梳适合长被毛，针梳适合其他的被毛犬。

如果使用针梳，要小心别直接把尖头贴着皮肤，要从底部开始，先逆毛梳，再顺毛梳，梳毛时要柔和，不能蛮干，尤其要注意在敏感部位的力度。

坚持有规律地梳理被毛，确保每个地方都梳理到。梳理顺序是：先从后肢向上，沿身体一侧梳理，再从前肢向下到足部、胸部,另一侧也是按照这个顺序,最后是尾毛、头部周边的毛。

梳理时注意狗的皮肤状况。粉红色为良好,红色或有湿疹,则可能已经得了皮肤病,要及时给狗狗治疗。

如果狗狗的毛发打结严重,切勿用蛮力梳拉,不如直接剪开,如果仍然梳不通,那就将打结的毛发剪掉。

给狗狗穿衣服要适宜

有的主人会给自己的狗狗穿上衣服,把它打扮得美美的,尤其是冬天。狗狗穿上衣服后,确实更可爱、更好看了,也会起到保温作用,防止狗狗受寒受冻。但在给狗狗选衣服的时候,应该更注重狗狗的健康。因为如果衣服的面料并不是纯棉或纯毛的,可能会使狗狗透不过气来,还可能对其皮肤造成损伤。如果衣服不合适,太紧的衣服会把狗狗的皮毛勒住,尤其是颈部、腋下、肩的位置,长时间的摩擦会使毛发打结,也不利于狗狗活动,还可能造成皮肤疾病,如脱皮、过敏、出血等。

主人可以根据狗狗的品种和环境来为狗狗选择衣服。夏天不用穿,同时要把狗狗身上的毛剪短,以帮助狗狗散热;冬天的北方较冷,可以给吉娃娃、泰迪等小型犬穿衣服,它们比较怕冷,但衣服最好要宽松一些,以利于狗狗活动,回到家后,应帮助狗狗脱掉衣服。

有些大型犬如拉布拉多犬、大丹犬等身体强壮的狗狗，不需要穿衣服，反而会因为穿衣服而导致抵抗力下降；像斗牛犬、短毛腊肠犬等容易发胖的狗也不需要穿衣服，因为它们身体的脂肪就足够抵御冬天的寒冷；当然，一些年老的狗狗、体质弱的狗狗、有伤的狗狗、刚刚生产完的狗狗、幼犬等由于抵抗力较差，对寒冷和低温更敏感，容易患病，所以冬天可以适当穿衣服。

二、宠物狗的美容

随着养狗的人越来越多，"宠物狗的美容与护理"这个行业开始兴旺发达起来。对于很多狗主人来说，有些费时、费力并且难度较高的项目由专业的宠物美容人士来做更好。所谓宠物美容与护理，是指能够使用工具及辅助设备，帮助宠物进行毛发、趾爪等部位的清洗、修剪、造型、染色，让宠物得到保护，外观得到美化，变得更健康和时尚。

宠物狗美容护理的好处

对于狗主人和美容护理的工作人员来说，能亲手把自己心爱的狗狗打扮得漂漂亮亮的是非常有乐趣的事情，那么我们为心爱的狗狗做美容和护理都有哪些好处呢？

1. 保持清洁

狗狗和人类不同，身上毛发发达，容易沾染灰尘、滋生细菌，对于一些长毛和大型宠物来说，帮它们清理毛发是一项巨大的工作。为了使它们保持干净，我们需要对宠物进行美容护理。

2. 预防生病

同样，由于狗狗的身体被毛发覆盖，有很多伤口或身体问题，即使主人和狗狗长时间共处，也未必能发现。我们在对狗狗进行美容护理的同时，也多了一个察看狗狗身体的渠道，将疾病防患于未然。

3. 维护家人身体健康

我们爱犬，但它们会让人类生病，这是事实。有些疾病对人类来说同样是严重甚至致命的。为狗狗做美容护理能尽量减少这些疾病发生的概率。

另外，适当修剪宠物毛发，不仅能满足人们的审美需求，也能帮助狗狗遮盖住原本不足的地方，增添狗狗的美感，也能带给狗狗自信。当然，有的主人还会为狗狗染毛，偶尔一次不会对狗狗有什么危害，但频率太高的话，对狗狗皮肤、被毛还是不好的。

美容工具花样多

不同类型的狗狗宜选用不同类型的美容工具，大体上可分为梳子、剪毛器、趾甲剪等（图7-3）。每次使用完毕后，都要将上面的油脂及多余的毛擦干净，放入干燥箱，以防止工具生锈。

图7-3　狗的美容工具

梳子，可以准备宽齿梳、细齿梳各一把，齿端和横截面都是圆的最好，避免划伤狗狗皮肤。宽齿梳可用来梳理长毛狗的外层被毛，细齿梳用来梳理内层被毛。梳毛器是短毛狗狗常用的梳理工具，它的功能就是将狗狗身上脱落的下层绒毛梳下来。除了用梳子梳理毛发以外，还可以用剪毛器剪除狗狗毛发。

剪毛器一般是专业的美容师来操作，好的剪发师不是草草地剪除狗狗被毛，而是先让狗狗熟悉剪毛器的声音、感觉，再用食物奖励狗狗，使它感到舒适。

趾甲剪是帮助狗狗剪趾甲的常用工具。狗狗常用趾甲制造噪声，趾甲太长，也会使狗狗走路困难，还可能引起骨骼变形，趾甲太长刺入脚垫也会使狗狗非常痛苦。为消灭噪声，也是为了狗狗的卫生着想，一定要定期帮助狗狗剪趾甲。以下介绍几种常用的美容工具：

1. 万能梳

这是最常见的日常梳理工具，梳齿密度很高，相对来说，适合毛发细长的狗狗。大多是金属质地，力度较大，容易清理死毛。根据犬种不同，主人可为爱犬选择不同型号的万能梳。

2. 针梳

对于长毛犬来说，一把梳子是不够的，尤其对于长毛、直毛并且掉毛严重的狗狗来说，可能需要两把甚至更多把梳子。针梳，顾名思义，梳头比万能梳更细，也更密，它的功能有两个：一是拉毛，也就是把毛发拉直，使其变蓬松，可使比赛犬更方便做造型；二是通结，对于毛发打结严重的狗狗，可以用针梳一层层梳理，把毛结慢慢打开。

3. 排梳

排梳对于寻找毛结也是非常重要的工具。它的特点是：一半是长距，较稀；一半是短距，较密。使用针梳开结后，再用排梳梳理,会找到更多毛结。另外,在做造型时,我们把狗毛吹干拉直后,只有用排梳才能把狗狗的毛完全挑起来进行修剪。

4. 柄梳

这也是狗狗毛发日常护理中常用的一种梳子,长柄便于使用,设计了按摩气囊,力度较为柔和,很少使宠物掉毛。

5. 钉梳

分双排钉梳和单排钉梳,尤其适用于长毛犬。当长毛犬进入换毛期,钉梳就是打理掉毛的神器。

6. 七寸直剪刀

这是宠物造型师常用的一把剪刀,专用于修剪造型。由于宠物毛发更细,所以这把剪刀比普通的直剪更加锋利,纯钢打造。

7. 五寸直剪刀

这把剪刀专用于头部、脚部等细节部位的修剪,尺寸略小,便于操控。

8. 电剪

电剪的外形有点类似理发店的电剪,不过刀头密度更高,更锋利,更加适合动物毛发,可以充电,合金打造,便于清洗。

9. 趾甲剪

猫、狗都有专用的趾甲剪，完全不同于人类使用的趾甲刀，如果用人的趾甲刀给狗剪趾甲，会使它们的趾甲劈裂。宠物专用的趾甲剪刀面是弯曲的，修剪时要倾斜45°，不要剪到里面的血线。

宠物狗美容的程序

宠物狗美容工作主要分为三大类。其一是清洁，即洗澡。优秀的宠物美容师，甚至能够根据犬种特点配置浴液，以对犬毛进行护理，提高毛质。其二，护理。护理工作包含常规的对狗狗眼睛、耳道、脚趾、肛门腺的护理操作。其三，修饰，即修剪毛发，为狗狗做造型。其美容的程序主要按照以下步骤进行：

1. 刷理

首先，通过使用专门的工具如针梳，帮助狗狗刷理毛发，去除浮毛和毛结，使皮毛柔顺、整洁。

2. 梳理

这是洗澡前必须进行的项目，可以进一步去除毛发里隐蔽的打结的地方。对于狗狗来说，有助于解除疲劳，增强血液循环。

3. 耳部护理

清理耳道需要去除那些朝向耳道内生长的长毛,再用棉球蘸酒精或矿物油来清除其内的污垢。

4. 眼部护理

对狗狗来说,泪腺和眼屎的堆积甚至会引起脸上毛发变成茶色,因此这里也是清洁的重点。

5. 修剪趾甲

主要为防止狗狗趾甲过长刺入脚垫,引起走姿变形和痛苦。值得注意的是,修剪不应过深,以防止狗狗因此受伤,引起对这个项目的反感和抗拒。

6. 洗澡

不同犬种的洗澡频率不同。为了去除狗身上的"异味",长毛犬最好每周洗澡一次,短毛犬则半月洗澡一次即可。水温维持在 35～37℃之间,冬季洗澡需要更高的水温。

7. 烘干

洗澡后,我们需要帮助狗狗吹干毛发,应先从头、背部进行。然后抬高狗的下颌,吹干胸部。吹干腹部时可以借助工具倒卷毛发吹干。最后用梳子整理全身毛发,并梳理整齐脸部和脚尖的杂毛。

8. 修剪毛发

毛发过长对狗狗来说同样是一种困扰，严重的甚至会使它摔跤、便秘，因此需要适时修剪毛发。

常见犬种的美容方法

给狗狗进行美容工作并不简单，如果你的狗狗是一只"赛级犬"，就会在这方面有更高的需求。众所周知，不同犬种之间差别很大，在比赛中，各犬种的外形要求也各不相同，每一只参赛犬在国际上都有针对外观造型所制定的美容标准。即使同一犬种，家庭宠物犬与参展犬的美容要求也有一定的差异。以下为常见犬种的美容方法。

1. 贵妇犬

作为赛级犬的贵妇犬，其幼犬有指定的被毛造型，成犬有成犬的造型，需要特定的美容方式。但仅作为家庭宠物时，出于实用角度，只需考虑适度的美观和凉快，可以采用比较便捷的修剪方式：把头顶的毛剪成圆形，保留胡须长度；面部、脚踝以下、腰部、颈部、尾巴根部的被毛都应剪短，臀肩部和前肢的毛保留 4 厘米左右长度。尾巴尖的毛发经常被修剪为一个大毛球，异常清爽，免于患上湿疹。

如果头部较小，可以把毛发留长，并修剪为圆形，这样可修饰头型，显得美观。头部较大，则可保留毛发。

如果脸长，鼻子两侧的胡子可修剪成圆形，如果眼睛小，那么上眼睑的毛可适当剪掉几行，突出眼部。

如果狗狗颈部显短，也可通过修剪毛发略做改变，如将颈部中部的毛修剪得深一些。

如果狗狗体型略胖，那么将四肢毛发修剪为棒状，再将全身的毛剪短，会显得苗条。

2. 博美犬

博美犬也是常见的家庭宠物犬，性格活泼，拥有柔软而浓密的底层被毛和粗硬的外层毛。一般来说，博美犬的头部短小，形状略像葫芦头，眼睛中等大小，间距适中，有黑色眼眶。鼻端较细，鼻子和被毛同色。胸部厚实，身形紧凑，尾巴又粗又长，呈羽毛状，向上翘起。

博美必须定期整理被毛，一般用剪刀将其全身毛发修剪成圆形，耳尖也剪成圆形，爪部被毛要剪短，脚尖处的长毛也要剪短，使其脚的外观如同猫脚。

3. 西施犬

西施犬,别名狮子犬,拥有悠久的历史。聪明、体型小,性格温顺。西施犬为双层被毛,外层被毛长而密、华丽下垂,有些西施犬外层被毛有轻微波浪,内层绒毛起保暖作用。头顶的毛发常用饰带扎起。

标准的西施犬全身覆盖长毛,头圆且宽,眼睛大而圆,耳根部比头顶稍低,两耳距离大,鼻孔宽,吻部方且短。

因为西施犬的毛质地有些脆,容易折断,也容易脱落,而且脸部生长的长毛也容易把狗狗的眼睛挡住,给视物带来麻烦。如果将这些长长的毛发扎成小辫子束起来会显得又好看又利落,这也是为什么我们看到的西施犬都是扎着小辫的原因。

给西施犬扎辫子先要把狗狗鼻梁上的毛发分成两份,然后将鼻梁到眼角的毛梳成上下两部分,从狗狗的眼角向后部将毛呈半圆的形状分成上下两部分,再用左手握住由眼睛到头顶上方的长毛,反向梳理让它看起来更蓬松,再将头顶部的毛拉紧绑上辫绳就好了。也可以将头部的长毛分成左右两部分,然后分别扎起来,这个要简单一些。

EIGHT

户外游玩中释放野性

狗狗白天独自待在家中,等主人回来了,免不了撒娇要主人带它出去玩,即使是寒冷的冬天也要选择合理的时间、合适的环境,引导狗狗做一些户外运动。温暖的阳光对狗狗有诸多益处,最重要的是阳光中的紫外线会杀死狗狗身上的病菌,使狗狗身体健康。总的来说,加强狗狗的户外运动,可以更好地增强狗狗体质,提高身体抵抗力。户外运动的形式有多种,像散步、慢跑、爬山、做游戏、接飞盘、跨越障碍物等,都可以带狗狗尝试。

一、独自在家的狗狗会焦虑

主人如果是上班族，每天早出晚归，造成狗狗经常独自在家，狗狗可能会比较焦虑，有的狗狗会盯着门外的一举一动，以至于常常吠叫。为了缓解狗狗独自在家的焦虑感，我们可以从以下几个方面入手帮助狗狗。

1. 让狗狗独立起来

如果对狗狗过分关注的话，很容易让它产生过分的依赖感，当你不在身边的时候，狗狗就容易无所适从、害怕紧张。因此，为了让狗狗更加独立起来，我们需要减少对狗狗过多的关注，适当扩充它自己玩耍休息的时间和空间，渐渐地你会发现狗狗不那么黏人了，跟你分离的焦虑也少了，这证明狗狗学会了和自己相处，就算独自在家也不焦虑了。

2. 上班前带狗狗散步

如果时间充裕的话，可以在上班之前带着狗狗出去散散步，这也在一定程度上缓解了狗狗一整天闷在家里的焦虑情绪。而且在散步的同时，还能促进狗狗的胃肠蠕动，促进狗狗粪便的排出，不仅减少了室内的异味，同时也稳定了狗狗的情绪，舒缓了狗狗独自在家的焦虑和压力感。

3. 做好出门前的准备工作

出门之前，最好先将狗狗从笼子里放出来，因为过长时间限制狗狗的活动空间，很容易让狗狗感到焦虑不安；打开收音机放一些舒缓的音乐，这样可以使狗狗感到不会太寂寞，舒缓焦躁情绪，以免出现狗狗到处乱窜，或者烦闷不动的情况；给狗狗准备好充足的食物和水，另外为狗狗准备一些耐啃咬的玩具，啃咬玩具可以长时间吸引狗狗的注意力，帮助狗狗度过无聊烦闷的时间，同时也避免了狗狗啃咬沙发等家具的破坏行为。

以上这些方法都能在一定程度上减少狗狗独自在家的焦虑感。尽管如此，也不能保证狗狗一点不焦虑、不孤独，毕竟狗狗的天性就是喜欢撒欢，我们能做的就是尽量减少狗狗独自在家的焦虑、烦闷等情绪，这样狗狗才能够健康快乐地成长。

二、出游前的准备

家里养过狗的人都知道，狗狗最喜欢的事情就是让主人带着自己去户外散步游玩。上班族的主人因为平时工作比较繁忙，就只能带着狗狗在小区附近随便遛遛，而这固定的几个游玩区域显然不能满足狗狗们到处撒欢的好奇心，如果能去远处兜兜风、见见世面，这对于狗狗们来说无疑是一件无比快乐的事情。如果狗狗主人的闲暇时间多的话，不妨带着自己的狗狗来一场说走就走的远距离旅行。不过，在出游之前，一些准备工作和注意事项是需要了解的：

首先，带好狗狗出游的食物、水以及遛狗工具。遛狗必备牵引绳，因为很多人是怕狗的，如果不慎让狗狗吓到旁人，甚至咬了人，都会给自己和别人带来不必要的麻烦。同时也要带上铲屎工具，毕竟文明遛狗已经成为现代人必备的素质了。当然狗狗的食物和水也是要多准备些的，以免狗狗饿了、渴了。

其次，注意行车安全。驾车带狗狗出游，安全最重要。如果下车休息，不能将狗狗单独留在车里，以免发生意外状况；不要让狗狗坐副驾驶，虽然这样能边开车边和狗狗交流，但急刹车的情况下，很容易将狗狗甩出去。就算给狗狗系上安全带，由于安全带并不适合狗狗，无论对大型狗还是小型狗来说，用处都不大，都不能起到有效的保护功能，实用性不强。为了狗狗的安全着想，最好将狗狗放置在后排座椅上，同时要注意车速，避免猛踩刹车的状况；旅行途中，最好每隔几个小时停一次车休息一段时间，让狗狗下来活动一下，进行喝水、排泄，以免行车时间过长出现晕车、过度疲乏的状况。

再者，给狗狗佩戴身份牌。出游时期人多容易发生混乱，这时候为了避免狗狗在人群中走散迷路，找不到主人，最好在狗狗的脖子上悬挂一个身份牌，在身份牌上写下主人的联系方式。

最后，遵守有关犬只条例。很多户外游玩的公共场所都会有标注"禁止宠物入内"的牌子，为了避免尴尬，可以提前了解一下通常哪些地方不准宠物进入玩耍。如公园、咖啡厅、商场、地铁、展馆等地，有的地方是完全禁止入内，有的地方是部分狗可以入内，有的可能完全没有禁止，宠物主人们要严格遵守当地有关犬只的条例。

除了以上几点，如果经常带狗狗到户外游玩，还要做好驱虫工作。总之，带狗狗出游，做到有备无患才能够玩得文明、玩得健康、玩得开心。

三、我的狗狗会爬山

爬山这项户外运动受到越来越多宠物主人们的喜爱，爬山不仅可以增强心肺功能，起到强身健体、减肥的功效，还能够在爬山的过程中享受山上的美景，呼吸山上新鲜的空气，起到陶冶情操、净化心灵的效果。而且爬山对狗狗们来说，也是一项非常合适的户外运动项目。爬山既避免了宠物主人带狗狗去公共场所的尴尬，还能锻炼狗狗四肢的协调能力，让狗狗成长得更健康快乐。那么，带狗狗爬山需要做哪些准备工作，要注意哪些问题呢？下面我们就来详细地介绍一下。

1. 选择合适的时间爬山

爬山时间最好选在早晨，少选傍晚时分。因为多数狗狗看到新鲜事物都会非常兴奋，具有无穷的好奇心和冒险精神，为了避免狗狗在爬山的过程中到处乱窜，最好选在阳光明媚、视线清晰的早晨，让狗狗不要离开自己的视线范围，避免走丢，同时也能呼吸到早晨新鲜的空气。

2. 判断自己的狗狗是否适合爬山

因为不是所有的狗狗都喜欢爬山，也不是所有的狗狗都适合爬山，因此，狗狗主人首先要观察一下自己家的狗狗适不适合爬山。如果自己家的狗狗健壮、腿长、体力好、耐力强，属于适合运动的猎犬类，能够适应山里面复杂的路面情况，那么带它爬山是再好不过的运动项目了。如果您家的狗狗属于体型小、腿短、体质较弱的犬类，如西施犬，这样的犬类如果突然让它出远门、走远路，对狗狗来说是非常吃力的一件事情，恐怕到时候爬山不成，主人们还要扛着它负重前行了。如果一定要带狗狗爬山，那最好对狗狗从小就进行较强的锻炼，等体力跟上了，爬起山来就没那么费力了。不过狗狗如果真的爬不了，我们也不能强求它。

3. 准备充足的水和食物

因为爬山是一件非常消耗体力的运动，随着狗狗爬山时身体水分的大量流失，狗狗急需要补充充足的水分。狗狗可以很长时间不吃饭，但是绝不能很长时间不喝水。食物方面，我们可以为狗狗准备好煮鸡蛋、香肠等便于携带而又营养丰富的食品。

4. 为狗狗准备爬山工具

（1）口罩　如果狗狗性情比较凶悍，可以帮狗狗准备一个狗狗专用的口罩，一来防止狗狗性情突变，发生咬人、伤人的意外情况，二来也可以防止狗狗猎食山中具有毒性的野果，避免食物中毒。戴口罩也大大降低了狗狗的嗅觉灵敏性，抑制了狗狗的好奇心，从而可以减少意外情况的发生。

（2）鞋子　由于山路复杂，难免有荆棘丛生的地方，这时候如果狗狗不注意，就可能被山路上石头或者尖刺刺伤。如果发现狗狗走路一瘸一拐的，就要蹲下来检查一下狗狗的脚掌或者脚趾缝，是不是因为没穿鞋而被尖刺或者什么锋利的东西刺伤了。如果没有被刺伤，那可能就是狗狗的关节被扭到了。这时候就尽快带狗狗下山，去宠物医院检查。为狗狗穿上柔软舒适的鞋子，虽然看起来有些多余，但是不失为避免狗狗受伤的良策。

（3）雨衣　由于山上天气多变，突发阵雨的情况时有发生。为了避免狗狗的被毛被雨水打湿，引发着凉感冒，最好在爬山前为狗狗准备一件防雨的衣服。

（4）常用医疗用品　狗狗天性爱窜、爱跳，难免刺伤、摔伤，出现破皮、出血的情况，这时候要及时帮狗狗消毒伤口，进行简单包扎后迅速送往医院进行治疗护理。

5. 注意爬山安全

不要带狗狗去过于偏远的地方攀爬，外出爬山最好在一天内能够往返，如果真的不能回来，夜间休息的时候要将狗狗拴牢。如果夜间有活动，也要带狗狗同去，不要将狗狗单独留在旅馆，以免发生意外。在爬山过程中如果遇到一些不好走的山路，如湍急的河流或者独木桥，主人要耐心地鼓励、引导狗狗自己跨越过去，切勿急躁训斥，否则会让狗狗更加无所适从。如果狗狗确实很紧张害怕，主人最好用牵引绳带狗狗行走，以此帮助狗狗克服恐惧。

6. 做好狗狗清洁工作

爬山下来，狗狗也会感到疲惫，可以好好休息一下，然后给狗狗好好地清洁一下。特别是被毛比较长的狗狗，身体上很可能吸附了山林中的一些落叶、杂草、植物种子以及小昆虫等，所以身上是重点清洁部位。同时，狗狗在山林中喜欢到处嗅嗅闻闻，因此，鼻子、口腔也要做到深度清洁护理。为了减少后期清洁工作，建议您为狗狗准备一件狗狗衣，春秋可以准备牛仔服，夏天可以准备一件薄的衣服。

四、狗狗的游泳训练

游泳对于大多数狗狗来说，无疑是一项既有趣又强身的运动项目。特别是夏天，带狗狗去游游泳，既能让狗狗消暑降温，又能让狗狗的肌肉得到充分运动。同时，狗狗在游泳时跟其他狗狗交流互动，也能增进情感表达，让狗狗变得更温顺、情绪更稳定。狗狗游泳固然好，但是一些前期准备工作、期间要注意的问题以及后期护理工作是不能忽视的。

狗狗游泳前的准备工作

1. 身体准备

狗狗在游泳前的一小时就不能再进食了，要保持空腹状态，以免因为吃得过饱在游泳时产生胃痉挛、胃扭转的意外情况。同时，游泳前应先带着狗狗做 10 分钟左右的热身运动，如散步、小跑以及抛接游戏等，这样活动一下筋骨能有效缓解突然进行游泳运动的不适感，也能帮助狗狗排出大小便。

2. 工具准备

要给狗狗准备专业的救生衣和牵引绳，做好应对突发状况的准备。特别是有髋关节疾病的狗狗，还有年长的狗狗，因为不适合做剧烈的运动，最好给狗狗提前穿上救生衣，以免狗狗肌肉在游泳过程中过度拉伸，出现体力不支的状况。还可以为狗狗准备一些玩具，增加主人跟狗狗之间的互动交流，最好多准备几款新鲜玩具，不仅能吸引狗狗的注意力，也能避免狗狗争抢其他狗狗的玩具。同时也不要忘了给狗狗准备一些食物和水，游泳是一项很消耗体力的运动，狗狗游完泳，会流失大量水分和营养，急需补充。

3. 药物准备

带狗狗游泳前，最好准备一条吸水毛巾，还有一些抗菌、抗过敏的药物。因为带狗狗游泳，狗狗比较容易感染细菌，为了避免狗狗身体受到细菌感染以及滋生寄生虫，狗狗游完泳，要记得用清水清洁它的身体，使用特殊的清洁剂清洗身体。如果狗狗出现红疹、瘙痒、过敏等症状，要及时带狗狗去医院检查。

4. 挑选水池

泳池的好坏直接影响到狗狗游泳的体验效果。最好选用狗狗专用的宠物泳池，或者选用换水时间短、水的流动性高的泳池，因为这样的泳池水质好、水位适中，能最大程度地保障狗狗游泳安全，减少细菌感染引发的皮肤病和结膜炎等风险。也不用担心在野外河流游泳被卷走的安全隐患。

狗狗游泳时的注意事项

1. 帮狗狗克服第一次下水的紧张

如果狗狗是第一次下水游泳或者不习水性，很容易因为缺乏安全感产生紧张害怕心理。主人可以先将狗狗抱在怀里放在水中，安抚狗狗的情绪，等狗狗没那么紧张害怕、平静下来的时候，再将狗狗放开，等狗狗慢慢适应水性了再慢慢离开。

2. 抱狗下水要注意姿势

抱着狗狗下水，在抱的姿势上也是有讲究的。如果狗狗是体型较大的大型犬，双手要呈 U 字形环抱狗狗的腹部；如果狗狗是体型较小的犬类，可以用抱婴儿的姿势，环抱在胸前。总之，无论大型犬还是小型犬，都要遵循省事、省力的原则环抱。

3. 游泳时间的选择与把控

狗狗虽然喜欢游泳，但不是什么时候都适宜狗狗下水游泳的，因为狗狗也是怕热、怕冷的。首先不要选择阳光最强烈的中午带狗狗下水，因为这时候太热了，狗狗很容易出现中暑的症状。同时，狗狗在水里游泳的时间也要把握好，太长了，狗狗容易产生疲惫感；太短了，狗狗不能尽兴。狗狗在游泳的时候，如果出现喘息的情况，要及时带狗狗上岸，因为这时候它的体力已经到了极限值，需要上岸休息了。对于平时运动少、体力差、年龄老或者初学游泳的狗狗，建议每五分钟就带狗狗上岸休息一下，然后再继续下水游泳，对于体力比较差的肥胖狗狗也要尽量减少游泳时间，因为体力不支时游泳是很危险的。

4. 冷静应对突发状况

狗狗游泳时也可能会出现一些突发状况，比如腿部突然抽筋。狗狗一旦出现抽筋的状况，要立即带狗狗上岸，等抽筋慢慢缓解之后，先不要立即让狗狗再次下水，最好带狗狗做做热身运动，等筋骨活动开了、确认没有问题了再下水游玩。

除了这些，驯养短鼻犬的主人要注意，因为狗狗的鼻子比较短，水很容易被吸入肺部，这样很容易被水呛到，严重的可能出现休克的状况。而一些有皮肤病、传染病的狗狗不建议下水。狗狗游完泳，不要忘了给狗狗用清水冲洗全身，这样可以减少过敏、皮肤病、传染病产生的可能。

NINE

了解狗狗的繁育秘密

狗狗到了一定年龄就会进入青春期，有了交配和繁育的需求。小型犬的青春期通常从6月龄开始，中型犬在8～12月龄，大型犬在18～20月龄。不管第一次发情出现在什么时候，都不是交配的最佳时机。最好等到它的身体发育完全后，再考虑交配和生育。无论交配与否，主人都应该对狗狗的生理规律了如指掌。狗狗是单一发情动物，不反复发情。正常情况下，母犬每年发情2次，多在春季3～4月和秋季9～10月。如果不想提供交配的机会，则需要在母犬发情期间对其严格看管或提前对其实施绝育手术。

狗狗的春天已经到来

母犬性成熟后会出现发情期，此时它会焦躁不安、食欲不振，最明显的特征是外阴出血。但出血量依不同的品种有不同的量，有的犬完全不出血，有的犬出血量少，狗狗会自己舔掉，需要主人仔细分辨。

母犬的发情期可分为三个阶段，大概会持续一个月。

发情前期：指从开始出血到可以交配的时间，一般为7～10天，表现为外阴部红肿、阴道中流出带血的黏液。此时卵子已接近成熟，雌激素分泌量不断增加，但这时母犬不允许公犬交配。

发情期：一般持续一周的时间，此时外阴继续肿胀、变软，阴道分泌的深红色黏液颜色逐渐变淡，出血量减少或停止出血。人若轻轻碰其臀部，母犬会将尾部左右摇摆，这时母犬允许公犬交配。进入发情期后的2～8天，母犬开始排卵，这是容易交配的时期。

发情后期：母犬身体的外部症状消失，阴唇恢复正常，母犬变得很安静，阴道分泌的黏液减少，出血停止，如果母犬已经怀孕则进入妊娠期。

发情后期至下一个发情期之间称为发情休止期,此时母犬的生殖器进入休眠状态,大概持续三个月。

母犬发情期间,它的生理功能和行为会有一些改变。主人可以在母犬发情时,给它配制营养丰富、易消化的食物,同时应该适当增加蔬菜、粗粮,提供温开水,不喂生冷的食物,在出门时要认真牵引。

因为发情时,母犬的外阴部有血和黏液排出,主人应保持狗狗的外阴清洁,用干净的温开水、布,每天清洗外阴,防止生殖器官感染。发情期间,尽量不给狗狗洗澡,不要让它趴在冰冷的地面上,避免受凉。狗狗的垫子最好是柔软的、经过消毒的,并且要勤洗勤换。

帮狗狗找到合适的对象

如果主人家的狗狗是纯种母狗,那么最好选择同一品种的公狗。宠物市场的公狗有些是专门做配种使用的,可能使用频率会比较高。公狗使用得太过频繁,可能会得易传染的性病。如果碰到邻居家的狗狗品种相同、大小相似,也可以配种,还可以到当地的宠物交流群中去找。狗狗的最佳配种时间是母犬1岁半、公犬2岁的时候。

识别狗狗真假怀孕

狗狗最近食欲减退，还出现了妊娠反应，狗狗是否是怀孕了呢？还是要带狗狗去医院检查一下比较好，因为有些疾病也会使狗狗出现妊娠反应。在带狗狗去医院之前，可以通过以下三种方法判断。

1. 外部观察

狗狗一般在交配后半月内出现妊娠反应，如食欲减退、孕吐等，大半个月后，乳房增大，一个月后，肚子胀大，用手触摸母犬腹部子宫的位置，可以感觉到有如鸡蛋大小的胚胎。接近两个月，则可以明显感觉到肚子里的胎动。

2. 用听诊器听诊

在母犬交配后一个月时，将听诊器放在母犬的子宫位置，就能感觉到不止一个心脏在跳动。

3. 尿检法

使用人类的验孕棒，如果尿检呈阳性，说明狗狗已怀孕，如果呈阴性，则说明狗狗未怀孕。这个办法又科学又准确。

母犬在妊娠期间往往变得慵懒，这时主人要带母犬适当活动，多晒太阳，禁止让母犬奔跑、跳跃、与其他犬只争斗等，以免发生流产。

妊娠期间也要对母犬进行驱虫，但不要喂过量的驱虫药，以免造成流产。

如果你的狗狗做了妈妈

狗狗的妊娠期平均为 62 天，有的 58 天，有的 64 天。妊娠期间最重要的是增强母犬的体质，保证胎儿的健康发育，防止流产。因此对母犬的喂养要讲究卫生、保证质量。

绝不可喂食腐败、变质、发霉、有刺激性、有毒的狗粮，以防流产。食谱最好不要频繁变更，同时分量也不要过大，以免影响胎儿发育。

妊娠早期时，不必喂食过量的食物，只要按时喂食即可。1 个月后，胚胎迅速发育，对营养物质的需求急剧增加，这时要额外增加富含蛋白质的食物和钙、磷、维生素等丰富的食物，如肉、蛋、奶、内脏等。当妊娠 35 ~ 45 天时，喂食次数增加为 4 次。注意不要喂冷水和饮料，以免刺激肠胃，引发消化不良，甚至引起流产。

妊娠中期，母犬会明显尿频，应适当增加营养，肉、蛋、酸奶一定要少量供给。如果胎儿吸收营养太多，长得太快，容易难产。

妊娠后期，要控制喂食量，比平时多 20%～50% 就足够了。

妊娠期也应该有适当的运动，妊娠前期（约 1 个月）每天运动 2 小时左右，中期可以每天多增加一两次运动，适当的运动有利于母犬生产和产后恢复。后期可多带它散步，全程避免跨越、攀登、挤压、打架等行为。

初生狗崽的喂养

狗主人可能为自家的狗狗生了小宝宝而高兴，但又会有一丝困惑，该怎样照顾这些小狗狗呢？主人要做的工作包括保温、防压、固定奶头、及时补乳等。

首先，刚出生的小狗狗被毛稀少、调温机能未完全形成，所以要做好保温工作；同时，小狗狗骨骼软，行动不便，要防止被母犬挤压而死或踩伤。

其次，刚出生的小狗狗 12 天内睁不开眼睛，需要主人的照顾，一定要保证每只狗狗都能吃到初乳，主人可以辅助母犬将乳头送到小狗狗的嘴中；为避免小狗狗们争抢奶头，也可以固定每只小狗狗吃奶的乳头。新生的小狗狗体内尚未产生抗体，而母犬的乳汁富含多种抗体，所以应让小狗狗吃足初乳；当小狗狗稍大一些，母乳供应不足时，应适当补乳，但切忌喂食牛奶，最好选用专门的狗奶粉。

最后，在日常照顾上还应注意，在狗狗出生 5 天后天气晴好的时候，将小狗和母犬抱到室外晒太阳，每天两次，每次半小时。小狗们不但可以利用阳光杀死身上的细菌，还能呼吸新鲜空气，阳光也能使被毛尽快生长。

照顾育后的狗妈妈

产后母犬也要通过坐月子来调理身体，因此可以给予易消化的、高热量的食物，如增加一些肉、蛋、乳酪等食物。另外，除了从食物中吸收钙质，还可以另外补充钙粉。

刚刚生产完的母犬，身体虚弱，不宜洗澡，要等到母犬生产两星期，情况稳定之后再洗澡。开始可以用温热毛巾擦拭母犬身体，特别是腹部乳房部位，以免小狗狗吃到不干净的东西，或感染细菌。

除了要对乳房保持清洁外,还要注意乳房有无异样。很多小狗狗吸奶时,因用力过大会弄伤乳头,如果被细菌感染,乳头就容易发炎而红肿,在不舒服的情况下,母犬是不愿意哺乳的。而且乳腺如果发炎,分泌的乳汁呈黄色,就不能再喂给小狗狗吃了。

小狗狗出生21天后可以让狗狗断奶,母犬需要禁食一天。离乳期要减少母犬的食量,并控制水分,等奶退了再慢慢恢复原来的食物。断奶期间的母犬仍要补充钙质,一直持续到断奶后一个月,因为母犬生产时钙质流失严重,这样也可预防母犬身体虚弱、毛发质量变差。

绝育注意事项

不了解的人可能会认为对狗狗做绝育手术是很残忍的事,其实对狗狗来说不仅没有大的伤害,反而对它的身体还有保护作用。

首先,可以避免狗狗患某些疾病,也可以延长狗狗寿命。如母犬子宫、卵巢等方面的疾病;公犬性病、前列腺囊肿等疾病。这些疾病的发病率比较高,有的还会影响狗狗的寿命。

其次,可以避免狗狗因发情引起的烦躁、食欲不振等现象，更关键的是可以避免狗狗与其他狗狗争夺配偶所带来的伤害和攻击，也减少为抢占地盘而打斗受伤。做过绝育手术的狗狗一般比较顺从，攻击性较弱，也会更容易融入家庭。

再次，可免除生理周期的烦恼，尤其是家有母犬，家里会干净很多。

最后，可以避免生育幼犬带来的麻烦，后续比较麻烦的问题还有对幼犬的照顾和安排，过度的生育也会使身体器官加速老化。

科学研究表明，绝育的最佳时间是6~8个月时，即在狗狗第一次发情前或发情间隔期，在发情前绝育，对性格和行为习惯的影响不大。而发情时，不建议做绝育手术。

当然，给狗狗做绝育手术，也有不好的方面，如易肥胖的问题。但总体说来，绝育能延长狗狗寿命，是值得做的。

需要注意的是狗狗做手术前6~8小时要禁食、禁水，以免手术中或手术后呕吐异物呛入呼吸道。手术后不要急于让狗狗进食，因为麻醉后狗狗肠胃蠕动慢，急于进食可能引起肠胃炎症状。手术后不要剧烈运动，也不要过度进食，更不要洗澡，要等伤口愈合后（约两周）再洗澡。在此过程中，如果发现伤口有血水渗出，可能是伤口崩开，要到医院复诊。

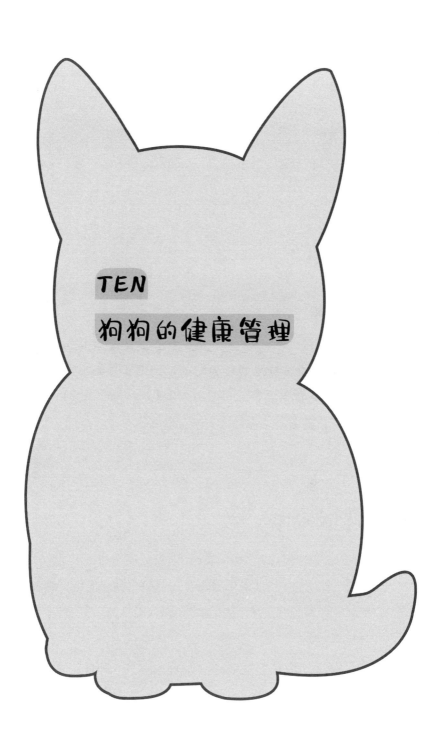

TEN

狗狗的健康管理

一、当你的狗狗生病了

主人能准确地判断狗狗是否生病了是很重要的事，至少不会延误病情。当然，如果想知道狗狗患的是哪种疾病，就更需要主人的智慧和细心了。

爱犬生病早知道

当狗狗懒惰、爱睡觉、食欲不振时，要考虑是不是肠胃的问题，可以吃一点助消化的药物，观察它有没有呕吐、腹泻等症状。如果肠胃正常，那么食欲不振可能是发热引起的，应该尽快去医院。

狗狗经常舔自己的鼻子，狗狗的鼻子正常情况下是湿湿的、凉凉的，而睡觉的时候鼻头会是干的。但如果鼻头一直是干的，则可能是发热了。如果鼻头一直流鼻涕，则是着凉了，建议给狗狗测体温，多喂一些清凉的水给它。还有犬瘟前期的一个重要症状是鼻头干，并且还有眼屎增多、爪子肉垫开裂等症状。

狗狗粪便是很好的观察物，是反映饮食情况的最直接的证据。一般吃了骨头便便会干硬甚至便中带血；如果吃的肉多或是油大，便便则容易稀软；水果、蔬菜容易引起狗狗拉稀。如果是偶尔的便便发软，问题并不大。如果是持续的稀软并且带血丝，还是尽快到医院检查一下，找到原因为好。当然，即使是同种食物，狗狗的反应也不相同，要学会观察、分析自家狗狗。

狗狗偶尔的呕吐属于正常现象，因为狗狗吃东西狼吞虎咽，吃多了、吃快了就容易呕吐，往往饿一下就会恢复。但如果狗狗12小时内出现两次以上的呕吐，主人就要仔细观察了，狗狗的呕吐物是不是有异样，如发臭、颜色变化、有黏液等，这都说明狗狗肠胃出了问题，可以按经验用一些治疗肠胃的药物，如情况没有好转，要马上去医院。同时，触摸时狗狗有意地躲避或对主人的触摸发怒，则可能是狗狗疼痛了，要慢慢抚摸找到疼的地方，带狗狗去医院时，将症状详细描绘给医生。

如果狗狗频繁地喝水、尿尿，又消瘦，则可能是患了糖尿病。糖尿病主要发生在年纪较大的狗狗身上，且母犬得病的概率大于公犬。要带上狗狗的尿液去检验，如果尿液不好收集，可以带狗狗做一个血液的生化检验。

如果狗狗频繁地摇头，则可能是狗狗耳朵不舒服，它想通过摇头把东西甩出来。如果狗狗用前肢或后肢不停地抓挠固定部位，则可能是患有皮肤病了。

狗狗虽然吃的食物比较杂，但它们完全能分清什么食物可以吃、什么食物不可以吃。当出现不正常的饮食嗜好时，如吃土、舔墙等，则可能是肝病、肠胃不舒服，或饮食造成的问题，要尽快带它看医生。

日常生活中狗狗可能有一些身体语言暗示它生病了，但如果主人忽略了，可能会延误病情。来看看有哪些身体语言吧。

1. 呕吐

呕吐可能是胃肠道不适的反应，如果仅仅一次，可能是吃多了。如果频繁呕吐，可能会引发脱水症，要尽早带狗狗去医院。

2. 变瘦

在食量没有变化的情况下，狗狗在变瘦，则可能是疾病导致的，要去就医。

3. 没精打采

狗狗大病前一般都没有精神、软弱无力。

4. 无食欲

偶尔没有食欲很正常，如果持续不想吃饭，则可能是身体不适。另外，大量喝水也是疾病的征兆，最好带狗狗就诊。

5. 呼吸粗重

即使天气不热，狗狗也没有活动，它依然很费力地呼吸，看上去很痛苦，这时要立即送医院。因为无法正常呼吸的狗狗，体温调节能力就会下降。

6. 咳嗽

咳嗽可能是呼吸道有感染。

7. 不喜欢被人碰

以前很黏人的狗狗突然不想被主人触碰，可能是狗狗某个器官受伤或脏器疼痛。

8. 摇头

如果狗狗频繁摇头，可能是耳朵有炎症，需要及时看医生。

为什么要打防疫针

给狗狗打疫苗是必需的，而且相关法律规定犬只必须接种狂犬疫苗。目前的疫苗主要有进口疫苗和国产疫苗，进口疫苗主要是狂犬疫苗和六联疫苗，六联疫苗可以预防犬瘟热、犬细小病毒、传染性肝炎、支气管炎、副流感、冠状病毒。一定要在兽医的帮助下给狗狗打疫苗，这是抵御潜在致命疾病的最好方法。

健康的小狗狗一般出生后35天开始驱虫，45~60天开始注射第一针疫苗，3个月后注射狂犬疫苗。进口的狂犬疫苗和六联疫苗的免疫期在12个月左右，过了免疫期要及时接种下一针。给狗狗打疫苗前，要先做身体检查，确认狗狗身体健康后才能接种疫苗。在接种疫苗后要密切关注狗狗，等狗狗身体恢复正常后，再带出门玩耍。

幼犬刚到一个新环境时，不适合打疫苗。如果狗狗原来所在的环境比较脏、乱、差，这时应该先带狗狗体检，确认健康后再接种。

需要注意的事项如下：

① 狗狗接种疫苗后要观察 20～30 分钟，不要立即离开。因为注射疫苗可能会引起过敏反应，如全身瘙痒、面部肿胀，这时应注射脱敏针。在短期内，一旦有不良反应，也要及时就医。

② 在狗狗注射疫苗后，一周内不要给它洗澡、换环境或换食物。因为狗狗的免疫力会先下降再上升，一般要等完全免疫后再做上面的事。

③ 狗狗注射疫苗后，3天内禁止服用驱虫药、抗生素药物，如若不然，可能会导致免疫失败。

④ 狗狗打完疫苗后，可能会出现厌食、体温升高、精神抑郁、疼痛等问题，这些都属于正常现象，一般 2 小时左右就没问题了。注射疫苗后应该多补充水分、多休息、减少外出，饮食上添加狗狗专用的免疫多糖营养剂，帮助狗狗更快地恢复。

宠物医院提供哪些服务

宠物医院一般能提供的服务有宠物疾病化验、疾病治疗、日常疫苗免疫、驱虫、饲养指导，手术如绝育手术、接骨手术、结石清除、肿瘤切除、断尾剪耳等。而宠物美容店一般提供宠物洗澡、美容、用品销售、饲养指导等。有的宠物医院针对不同的犬种有不同的服务。

手术后的家庭护理

狗狗手术麻醉后还没有完全苏醒时，应放在低处，让狗狗平躺，保持呼气通畅，最好放地上，避免跌落。还要注意做好保温工作，避免着凉。手术后狗狗睁着眼的话，可以适当点眼药水，避免狗狗角膜干燥，手术后应禁食、禁饮，一直到其完全苏醒为止。

手术后的狗狗可能想要正常活动，但跳跃可能使缝合处崩开，或使骨骼再次错位。所以要鼓励狗狗安静，给它一个可以啃咬的玩具。可以佩戴伊丽莎白项圈（图10-1），以防止其抓挠伤口，影响伤口愈合。

图10-1 伊丽莎白项圈

手术后应给予高蛋白质的营养食品来促进伤口愈合，如营养膏等。如果手术后需要拆线，要到医院请医生拆除缝线，不要自己在家拆。

296

二、常见疾病的处理方法

狗狗在日常生活中难免生病,主人了解了一些常见病,便可以有的放矢,预防疾病。当疾病来了之后,也能采取恰当的方法处理,在病情进展之前,遏制住病情,并尽快带狗狗去医院就诊。

腹泻的原因以及简单的处理方法

先要找出狗狗腹泻的原因,对症治疗。腹泻的常见原因有很多种,单纯性的消化不良也叫溏便,尤其见于半岁以下的小狗狗。总的来说,腹泻原因有如下几种:

1. 换食物

　　小狗狗的肠胃比较娇嫩，缺少很多消化酶，如果吃了不适当的食物，如3个月以下的小狗狗被喂食罐头或单纯的肉类就会引起消化不良，吃了就会拉稀。若放任不管就会继续拉稀，最后造成脱水，非常危险。这种情况下，先要停止食用这些食物，再喂食乳酶生，一次两片，一天2~3次就可以了。一天就可以见效。

　　另外也可以试试小朋友们食用的"妈咪爱"，一次一小袋，粉末可以直接搅拌在狗粮里，或溶解后喂食，一日两次，效果也不错。还有"整肠生"效果也很好。三者选一种喂食小狗狗就可以了。

　　需要的话也可以控制饮食，可以先饿一天，每餐都少量，不要喂得过饱，让肠胃先慢慢调整一下。拉稀不用紧张，慢慢调节就会好。

2. 着凉

　　如果精神、食欲都没有太大变化，则考虑是由于换季气温交替导致着凉，进而拉稀的。这种情况下，要给狗狗保暖，并调理它的消化系统。

3. 肠炎

　　如果狗狗除了拉稀，精神也不太好，并伴随体温升高。这种情况下狗狗的症状和犬瘟很相似，如果狗狗已经打过了免疫针，可以先按下面的方法治疗，并尽快到医院确诊。

可以口服庆大霉素针剂，可以每次喝两万单位，每天两次。在大半个小时后，辅助喂活菌类的帮助消化的药物，如妈咪爱、乳酶生，还可以喂食"思密达"止泻，用物理的方法将细菌带出体外。

4. 寄生虫

如果是寄生虫导致的腹泻，可以在便便里看到血丝，需要吃药打虫。先去医院化验大便，再用药。建议三个月彻底驱虫一次，杜绝这种现象。

综上所述，狗狗拉稀最重要的是观察它的精神状态和食欲，如果没什么问题只简单调理一下肠胃就可以了。如果有发热或精神不佳的情况，则可能是有炎症了，需要到医院检查。

皮肤病区分以及简单的处理方法

皮肤病的种类非常多，常见的有跳蚤、螨虫、真菌感染及皮炎、湿疹等，所以治疗前应先确诊。引起皮肤病的病因有很多，主要有以下几种：

1. 跳蚤和狗虱

它们一般在体表、股内侧、腋下、脖子下，肉眼可见。它们在人身上不能存活，所以主人可以大胆抓。跳蚤和狗虱的卵是白色的，所以如果狗狗身上有一圈圈黑色的小点点，那是跳蚤和狗虱的粪便，可以帮助狗狗清理。跳蚤、狗虱可用敌百虫洗，或用灭虫宁滴剂滴在后背，或用中药"百部"煎水洗，或买犬蚤圈（犬蚤圈开封后必须放置一天才可以用）。福来恩治疗效果很好，但价格比较贵。

2. 螨虫

螨虫一般出现在皮下、腹部、大腿根内侧或身上。皮肤会有小红点，嘴唇周围皮肤会发红、脱毛。耳螨有咖啡色分泌物，有时会导致狗狗耳朵发痒，狗不堪其痒，可能会将耳郭抓破。在家可以涂上硫软膏，每天涂 3 次，连用 1 周。

3. 真菌

狗狗感染真菌后，局部皮肤会脱毛、断毛，一块一块的皮肤发红。真菌引起的，可涂上克霉唑、癣净、达克宁软膏，每天涂 3 次，连用 1 周。

4. 湿疹、疱疹和其他化脓性皮肤炎

一般是腹部、股内侧皮肤有水疱、脓疱。对化脓、发炎的皮

肤可以用双氧水消毒，在患处涂消炎膏，如红霉素软膏、硫软膏，每天涂 3 次，连用 1 周。但皮炎平含有激素，应少用。

5. 过敏引起的皮肤病

这种皮肤病一般来得比较突然，面积大，皮肤发红。一旦发现皮肤病，最好立即把宠物的日常用具和寝具洗净暴晒，对地板进行清洗，必要时全面消毒。

发生呕吐时的诊断

一般来说，狗狗耐饿不耐饱，稍微吃多一点，就会呕吐。主人要仔细观察呕吐物的颜色及形态，就诊的时候才能向医生详细描述。

如果吐出来的是食物，而且又马上吃回去，那么，这样的呕吐属于生理性呕吐，类似反刍，这样的呕吐不需要看医生。

如果吐出来的是唾液，多是食道的问题。如食道异物，多是骨头卡在食道内，也可能是心脏的先天疾病，可以由医生检查得知。

如果呕吐物是透明或是白白稀稀的，这是胃液，也就是胃分泌的胃酸，这样的呕吐多为急性胃炎。如果吐完以后狗狗没有什么异样，可以先不用看医生，先禁食 12 小时观察一下。如果是持续呕吐就要看医生了，因为可能是胃肠道阻塞、肝脏问题、肾脏问题或是胰腺炎引起的呕吐。

如果呕吐物的颜色是黄黄绿绿的，那说明胆汁被吐出来了。这种情况比较复杂，除了肝脏、肾脏、胰脏等可能出了问题外，还有可能是胃肠道的溃疡问题。

如果呕吐物为咖啡色，不是食物的颜色，而是胃液咖啡色的时候，代表胃部有出血，常见的是胃溃疡和十二指肠溃疡。

如果是鲜红色，那代表急性出血，因此要赶快去医院。

总体看来，虽然狗狗在呕吐后看起来没什么事，除了生理性反刍之外，最好带到医院看看，否则也可能会由单纯的发炎转变为严重的溃疡或出血。

另外，犬最好不要吃鸡鸭类的尖锐骨头，因为骨头的尖角很容易造成胃黏膜损伤，进而发展成急性胃溃疡。

眼病、耳病和鼻炎的处理方法

清澈、明亮的眼睛是狗狗健康的表现，即使眼角有一些溢出物，只要多清理，自然就会消失。但如果狗狗经常用爪子抓眼睛或不停地眨眼,则可能是眼睛出现了问题。

眼睛方面的疾病常有以下几种:

① 眼垢,很黏稠,像脓一样;

② 视力减退;

③ 眼球表面呈白色浑浊;

④ 大量流泪;

⑤ 睫毛掉光;

⑥ 害怕强光;

⑦ 眼睛肿胀;

⑧ 眼下出现明显的红褐色泪痕。

病因主要是以下几种情况:异物入眼、角膜炎、结膜炎(图 10-2)、眼睑炎、视神经炎、白内障、外伤、泪管堵塞等。

因为眼睛很脆弱又很

图 10-2　狗狗眼睛有结膜炎症状

重要，病因复杂，所以出现问题应立即去医院就诊，不要随便用外用药，以免延误病情。当然，如果仅仅是异物入眼，可以用浸湿洗眼水的麻布绷带抹洗眼睛。注意动作要轻柔，以免擦伤眼球，如果情况没有好转，要尽快看医生。

狗狗的耳朵也会有肿胀、积液、耳聋等症状，原因可能是小虫飞入、外伤或有寄生虫等。平时要多注意耳朵卫生、定期剪短耳毛、洗完澡彻底擦干就可以预防耳朵疾病。检查狗狗耳朵是否干净、呈粉红色、无臭味，如果发现狗狗摇头、抓耳朵，且有臭味袭来的话，可能是有耳螨。

发现耳螨后，可以用特定除耳螨的洗耳水将其清除。方法是先将洗耳水倒入耳内，轻轻压狗狗耳朵，狗狗会摇头将多余的洗耳水摇出来，最后用棉花将污垢擦掉就可以了。开始时可以每天清洗一次，直到耳螨去除后，便可隔一天清洗一次。但不可过度清洗，因为狗狗耳内的油脂对耳朵有保护作用，过度清洗会将油脂洗掉。

狗狗的鼻子一般会有一定的湿度，如果狗狗鼻子干燥或有黏稠的鼻涕，或有打喷嚏、流鼻涕、鼻出血、面部变形等症状时，则要考虑是否患了鼻炎。原因可能是环境变化或天气变化引起的着凉。初期可以用抗菌药消炎，如果药物治疗效果不好,也可以手术切开鼻腔,去除感染病灶。

宠物犬的意外紧急救护

主人即使再小心,也难免出现意外情况,那么当狗狗出现意外怎么办呢? 来看看当下面这些意外状况发生时,我们应如何应对。

1. 意外骨折

从高处跌落、被挤压、车祸等均可导致骨折,和骨折相似的是脱臼。区别是骨折的狗狗拖着断肢走,脱臼的狗狗患肢不敢着地,用三肢跳着走。无论骨折还是脱臼,狗狗都会非常疼痛,有的还会发抖。主人要进行基本的外固定后,赶快带狗狗去医院。

2. 大出血

有可能是外伤导致大出血,也有可能是内脏大出血,无论哪种情况都很危险。主人要压迫出血点,尽量减少出血量,清除污物,简单包扎后送医院治疗。

3. 窒息

小狗很容易因为吃东西而梗塞,严重时缺氧窒息死亡。当看到狗狗使劲伸脖子,并用前爪抓嘴和脖子时,就可能是梗塞了。这时，可以轻拍它的背，让其把食物吐出来。有的大狗狗也会将骨头卡在喉咙里，很危险，一定要去医院。

4. 中毒

狗狗吃了腐败变质的食物、药品，或者有些大狗狗吃了被药死的老鼠时就会中毒。它们常常上吐下泻、抽筋、哀叫，这时最好找到中毒的原因，带狗狗去医院时告诉医生。

5. 休克

休克的狗狗四肢冰冷、呼吸急促。无论什么原因，主人一定要对休克的狗狗进行必要的抢救后再去医院。先让狗狗平躺，帮助它放慢呼吸。模仿人工呼吸，将它的嘴合起来，向鼻腔吹气，同时按摩它的胸腔。当狗狗好转后立即送往医院。

6. 晕车

确切地说，晕车不算病，因为狗狗呕吐后，休息一会儿就会好转。有的狗狗晕车过几次后，就不再晕车了。如果有晕车的习惯，最好坐车前不要给狗狗进食、喂水，并于坐车前服用晕车药。

平时主人要把狗狗管教好，不要让狗狗拣拾外边的食物、乱跑乱跳，出门前狗狗的安全措施要做到位，做到这些，就可以在很大程度上预防意外事件的发生。

养犬需常备的药物

有些时候，疾病会突发在夜里，或者发生在远离动物医院的地方，为了应对这些紧急情况，狗狗的主人应常备药箱，可以在紧急情况下给药。但要注意狗狗可能对某些药过敏，也会涉及药的用法用量问题，所以喂药前最好向兽医咨询。

1. 外科主要用药

云南白药：如果狗狗流血量不大，可将药粉涂抹在伤口上，如果出血过多，可以让狗狗服用一些。

消炎粉：很常用且有效的创伤消炎药，要涂抹在伤口表面，注意要包扎，以防狗狗舔食。

紫药水：皮肤伤口处于生长期时使用。

双氧水：一般的皮外伤使用，可用来清洗伤口。

红霉素软膏：伤口恢复期使用的药膏，还可以在狗狗患化脓性皮肤病时使用。

最好还要准备一些冰棍棒，如果狗狗不小心发生了骨折，这时，冰棍棒就能发挥作用了。冰棍棒又轻又薄，同时具有韧性，可以用它作为夹板暂时固定骨折的肢体，以免狗狗活泼好动的性格使受伤部位再次受损。

2. 消化系统主要用药

多酶片、复合维生素、胃蛋白酶片：这些药对狗狗食欲不振、消化不良有很大帮助，可调理狗狗的肠胃功能。

庆大霉素片：这种药能在狗狗因消化问题导致的腹泻、呕吐中发挥重要作用。

胃复安片：可以帮助狗狗在呕吐时止吐。

发育宝：是调节胃肠功能的营养补充剂，也可以防止狗狗腹泻。

如果狗狗呕吐、腹泻严重，应及时看医生，以免延误时机。

3. 其他特殊用药

氯霉素眼药水：眼部的必备药品。可治疗角膜炎、结膜炎，价格低廉，也常被用作健康眼的冲洗药水，以保证眼睛清洁。它对眼大而凸起的京巴、八哥等犬非常重要。

维生素E：能帮助年长的狗狗保持青春，延缓衰老。可以常给它吃一些。

甘油栓：治疗狗狗便秘。

洗必泰溶液：家里有公狗狗的话，可能在其包皮口处有略带绿色的灰白脓汁，这是包皮腔发炎了，可以用洗必泰溶液清洗，帮助它摆脱困扰。

苯巴比妥：这是给患癫痫的狗狗在发作前服用的药物，它能有效控制病情。

另外，带狗狗旅游时，可以给易晕车的狗狗准备镇静剂，如安定、氯丙嗪等。但要注意开窗或开空调，保持车内凉爽，用量也要向兽医咨询。因为镇静剂会干扰犬的热调节能力，服用后闷在车厢里会中暑，严重者可导致死亡。

爱犬的四季管理

狗狗会随着季节变化而产生身体的变化，目的是适应季节的变化，那么，一年四季该怎么管理狗狗的健康呢？

1. 春季

春季气候良好、温度适宜，也不需要保暖，是饲养狗狗最适宜的季节，狗狗较少出现特殊的疾病。春季饲养狗狗应注意以下几点：

① 随着气温逐渐转暖，狗狗毛发会逐渐脱落，所以主人可

以利用早上的时间用梳子、刷子清理狗狗脱落的毛发,刷落的毛发要烧掉,以杀灭寄生虫和虫卵。

② 洗澡不宜过勤,一个月洗3次澡就可以了,以保护新毛。

③ 新毛刚刚生长,御寒能力较弱,所以气温较低的清晨和风雨天气不要带狗狗外出散步。

④ 有繁殖打算的家庭要加强母犬的营养,不打算繁殖的家庭要看护好狗狗。发情期间的狗狗情绪波动大,应给予较多的抚慰和陪伴,用游戏分散其注意力。

⑤ 春季是体检的最佳季节,同时注意四月要为狗狗注射狂犬病疫苗,并进行犬种登记。

2. 夏季

夏季温度高,易发疾病,如骨肠病、热射病、食物中毒、蚊虫传播的心丝虫病、湿疹等等,应悉心照顾病犬。犬是一种抗寒力强、抗热能力差的动物,因此夏季的高温令它感到痛苦和难受。可以将它的毛剃短,不但可以防皮肤病,也可以预防虫子、跳蚤等的寄生,洗澡也变得容易,可以一周洗一次澡。这个季节应注意以下几点:

① 夏季正午时分应避暑,散步应安排在清晨和黄昏,时间稍短一些。

② 如果是室外的狗窝,应搭遮阳篷。

③ 室内可以打开风扇和空调,但不要反复进出。

④ 高温高湿条件下容易滋生跳蚤和虱子,所以不要频繁淋浴。

⑤ 食物容易变质,所以剩的食物应倒掉,食盆应充分清洗。

⑥ 多饮水并不能起到太大的防暑作用。

3. 秋季

秋季是狂犬病预防接种期,要注意接种。秋季是狗狗食欲最旺盛的季节,所以应给予足够的运动量,否则容易导致肥胖。秋天也是狗狗换毛的季节,全身的毛掉得很严重,可以用梳子、刷子去除这些掉的被毛,并补充维生素 E,促进新毛生长。秋季应注意以下几点:

① 补充营养价值高的食物,弥补夏季消耗,同时为过冬做准备。

② 增加狗狗的室外运动量,增强体质。

③ 初次养犬的主人应使狗狗安全过冬,不宜选择秋季繁殖。

④ 每天梳理被毛,保证顺利脱换冬毛。

4. 冬季

冬季是犬瘟热、感冒流行的季节,室内的犬要注意保温,室外犬舍的屋檐、防风板要重新检查,注意保暖。狗狗睡觉时,头一定要在被子外面。冬天散步一般在白天进行,晚上或天气不好的时候,一定要着"外套"。有太阳光时,要多晒太阳,对狗狗毛发有好处。此外,还要注意以下几点:

① 冬天室外活动减少,但室内玩的游戏可以弥补狗狗运动量。

② 狗狗要适当补充高蛋白以增强其御寒能力。

③ 年老和短毛犬外出散步应穿上毛线背心,背心可以是棉质或羊毛材质的。

④ 室内温度在 10℃以上就能安全过冬,不要忽冷忽热。

⑤ 冬季是死亡高发期,原因多是煤气中毒或误食有毒化学品,往往生病症状不明显以至于错失救治良机等。

三、狗的重症传染病与注意事项

狗狗的常见疾病有很多种,这些疾病只要对症治疗,往往不难解决问题。但重症传染病往往发病急,发病迅速、致死率较高。即使有疫苗,也只是降低死亡率或预后效果不理想。

狂犬病

狂犬病又叫恐水症,是由狂犬病毒所致,以侵犯中枢神经系统为主的急性人畜共患疾病。人狂犬病通常由病兽以咬伤方式传给人。临床表现为特有的恐水、怕风、恐惧不安、咽肌痉挛、进行性瘫痪等。病死率几乎100%。

为防止感染狂犬病，人被狗等动物咬伤、抓伤后，应立即彻底清洗受伤部位并消毒，伤口越早处理越好。冲洗或消毒后的伤口处理应遵循只要没有伤及大血管，尽量不要缝合，也不应包扎的原则（图 10-3）。首次暴露后接种狂犬病疫苗，原则上是越早越好。对于全程接种符合效价标准的疫苗后 1 年内再次被动物致伤者，应于当天和第 3 天各接种一剂疫苗；在

2 ~ 3 年内再次被动物咬伤，并且已经按上述接种程序接种者，应于当天、第 3 天、第 7 天各接种一次疫苗；超过 3 年者，应接种全程疫苗。

图 10-3　被狗咬伤后的伤口

犬瘟热

犬瘟热俗称狗瘟，是由犬瘟热病毒引起的一种高度接触性传染病，传染性非常强，会通过空气、接触及病犬分泌物、排泄物传染，也就是说未患犬瘟热的狗狗接触到了患病狗狗的分泌物或排泄物，也很可能被感染。它的致命率高达 50% ~ 80%。得病的主要原因是狗狗自身感冒、吃太多导致免疫力下降。

病犬的各种分泌物、排泄物、血液、脑脊髓液、淋巴结、肝、脾、脊髓等脏器都含有大量病毒。除幼犬易感染外，毛皮动物中的狐狸、水貂也非常易感染犬瘟热。

犬瘟热在寒冷季节（10月份至第二年4月间）多发，尤其是犬集中的地方。一旦有狗狗发生此病，除非在绝对隔离的条件下，否则其他幼犬很容易被感染。

病犬会出现双相热、鼻炎、严重的消化道障碍、呼吸道炎症等。此病后期会出现神经症状。体温呈双相热型，即病初体温升高达40℃左右，持续1～2天后降至正常，经2～3天后，体温再次升高；第二次体温升高时，少数狗狗会死亡，另外一些狗狗则会出现呼吸道症状，病犬咳嗽、打喷嚏、鼻镜干燥、眼睑肿胀、患化脓性结膜炎。后期常可发生角膜溃疡，下腹部皮肤呈现红点、水肿和化脓性丘疹。

有的狗狗得病初期就出现神经症状，有的则在病后7～10天才呈现神经症状。轻者口唇、眼睑局部抽动，重则流口水、转圈、冲撞、口吐白沫、牙关紧闭、倒地抽搐，呈癫痫状，持续数秒至数分钟不等，发作次数也由每天数次到十多次。这种病犬多预后不良，有的只是有局部性麻痹、共济失调等神经症状，此类病犬即使痊愈，也常留有后躯无力等后遗症。

预防此病需要定期接种疫苗。为了提高免疫效果，应按免疫程序接种。仔犬 6 周龄时为首次免疫时间，8 周龄进行第二次免疫，10 周龄进行第三次免疫。以后每年免疫 1 次，每次的免疫剂量为 2 毫升，可获得一定的免疫效果。

因为疫苗接种需经过一定时间，一般 7~10 天后才能产生良好的免疫效果，而目前犬瘟热的流行比较普遍，有些狗狗在接种前已感染犬瘟热病毒，但未出现临床症状，当在某些因素如生活条件的改变、长途劳累等影响下，可能会发病，这就是某些狗狗在疫苗接种后仍然发生犬瘟热的重要原因之一。在病毒流行期间，应减少外出，也应避免将其他狗狗带入养殖场。

为了提高免疫效果，减少感染率，在购买狗狗时，最好先给狗狗接种犬五联高免血清 4~5 毫升，1 周后再注 1 次，2 周后再按上述免疫程序接种犬五联疫苗，这样就可以减少发病率。

当发现病犬时，应尽早隔离治疗。一方面可以提高治愈率，减少死亡，同时也可避免传染给其他狗狗。此病的初期可肌内或皮下注射抗犬瘟热高免血清（或犬五联高免血清）或本病康复犬血清（或全血）。血清的用量应根据病情及犬体大小而定，通常 5~10 毫升/次，连续使用 3~5 天，可获一定疗效。

除以上预防、治疗手段外，平时应加强消毒，对犬舍、运动场进行彻底的消毒，消毒药有百毒杀、新洁尔灭、次氯酸钠等，效果显著。

感染犬瘟热后，病情恶化程度取决于狗狗的感染程度、病毒变异程度及狗狗自身的免疫、防御能力。

传染性肝炎

犬传染性肝炎又叫犬病毒性肝炎，是肝炎的一种，是由犬传染性肝炎病毒引起的一种急性败血性传染病。小于一岁且没有注射疫苗的幼犬为好发群体。它会经过口或接触的方式传染。

该病初期，病毒主要存在于狗狗的血液中，后期会随着狗狗的粪便、呕吐物、尿排出。病毒性肝炎的症状主要集中在肝脏，它会引起全身性循环障碍。有的症状比较轻，或表现得无症状，有的严重但不致命，有的则很猛烈且致命。

此病的潜伏期为 2~5 天，严重病例在 12~24 小时内狗狗突然死亡，死亡前无明显症状，只是体温、脉搏上升，黏膜苍白。

幼犬症状通常较为严重，如发烧、出血、腹痛、呕吐、腹泻、呼吸困难、扁桃体肿大等，恢复后的 1 ~ 3 周内可能出现蓝眼症和间质性丝球体肾炎。

此病的预防主要是主人为狗狗定期打疫苗，同时定期对环境彻底消毒。如果狗狗患病，除积极治疗外，要多陪伴狗狗，从而增强狗狗战胜疾病的信心。患病后恢复健康的狗狗，要单独喂养、隔离半年以上，因为只要患过此病，体内就会有病毒。

治疗主要是寻求医生的帮助，如果不太严重，可以用支持疗法。

重感冒

感冒又称"伤风""冒风"，是由多种病菌引起的呼吸道疾病，属于高发类常见病。不同的季节导致感冒的病菌种类不同，它们一般隐藏在狗狗体内的细胞中，目前没有特效药，主要靠狗狗自身的免疫力抵抗。许多幼犬、老年犬甚至每个月感染一次，而且该病与犬瘟热在很多症状上相似，需要主人仔细分辨。

狗狗感冒的常见症状：精神状态不佳、鼻腔里有清水样鼻涕流出、咳嗽多、吃饭困难、眼睛红且有充血症状、食欲不振、发烧（温度为 39 ~ 40℃，正常情况下的狗狗 36.5 ~ 37.5℃，小狗狗在 37 ~ 38℃）、嗅觉减退。

狗狗得病多是由受风着凉、长期营养不均衡、疲劳过度、口鼻部疾病诱发，应引起重视，否则频繁感冒，会引起并发症，影响健康。在感冒期间，不宜让狗狗进行大运动量的活动，应以静养为主。狗狗感冒不容易好，一般会持续一周至两周才完全好。常用的感冒药剂有以下几种。

① 感冒冲剂，一次半袋即可。咳嗽的话，吃羚羊清肺丸，早晚喂，每次半个就可以。头孢消炎药，早晚喂，一次 1 ~ 2 粒。中午喂小儿护彤感冒药，一次一包。

② 抗感冒病毒的各类口服液，一天服 1 支，每天服 2 次。

③ 口服"阿莫西林"，10 公斤体重的宠物狗吃 100 毫克左右，按此比例，每天吃 2 ~ 3 次，连续一星期。

④ 喝一些鸡汤对治疗感冒有奇效。

⑤ 可以喂食一些萝卜，喝些姜汤、红糖茶水，少吃盐，适当地在狗粮里拌些蜂蜜。

⑥ 用食醋滴入它的鼻孔,有杀菌预防的作用。

⑦ 按摩鼻翼,按摩周身,活血通气,对治疗有一定的帮助。

⑧ 用冷水给狗狗洗脸,不论寒冬酷暑,对预防感冒都有奇效。

⑨ 烧开水放置在狗狗旁,让它呼吸蒸气,每日 2 次,可加快康复。

感冒后只要狗狗精神、食欲、排便没问题,一般也好得比较快。

肺炎

造成狗狗感染肺炎的原因有很多,主人在日常的饲养过程中一定要多加注意。狗狗的肺炎发生原因通常有以下五种。

① 异物性肺炎,常发生于上消化道系统异常的狗狗,短颈、短鼻吻的品种最容易出现肺炎;另外,灌食的方法不正确、麻醉处理不当也容易发生;

② 霉菌性肺炎,大型狗发生的概率较高,公狗发生的比例为母狗的三倍;

③ 肺脏功能的损害,就是说肺泡与肺泡间的组织受损,常常是犬瘟热感染的续发症状;

④ 细菌性肺炎,幼犬、运动量较大的大型公狗发生率较高;

⑤ 免疫性肺炎,先天性免疫缺陷造成肺部的感染,心丝虫的感染也是常见原因。

除了典型的症状外,狗狗鼻腔还会出现大量黄色样分泌物(鼻脓)。

检查方法有血液检查、X 线检查,细菌的培养及药物敏感测试是有效的选择药物方式。气雾治疗来协助排痰,会有最佳的辅助效果。年轻狗狗的肺炎痊愈后往往容易变成慢性的气管炎,所以主人要慎重对待。狗狗肺炎的预防主要是定期做血液及 X 线检查。

犬细小病毒性肠炎

犬细小病毒性肠炎是由犬细小病毒引起的,是目前国内仅次于犬瘟热的致死率很高的传染病。症状主要表现为频繁呕吐、出血性腹泻、脱水迅速,感染幼犬的死亡率为

50%～100%。该病的传染源主要是患病犬和带毒犬，主要通过消化道传播。

此病各种年龄、性别、品种的狗狗均可感染，但3～6个月的幼犬最容易感染，往往成窝发病，但病愈犬可获得长时间甚至终生抗体。

多数犬患病后呈现肠炎症状，少数呈现心肌炎症状。潜伏期为1～2周，主要表现有：

① 呕吐：首先呕出未消化的食物，之后呕吐物多为清水或黏液，常含有黄绿色胆汁，这时犬几乎无食欲，但非常喜欢喝水，喝了就会吐，体温升高达40℃左右。

② 腹泻：频繁呕吐1～2天后出现腹泻，大便由软到稀到带血，呈番茄汁样血便，有特殊腥臭味。

③ 脱水：以上症状出现24～48小时后迅速脱水，体重减轻、眼球凹陷、皮肤弹性减退、衰弱无力。

此病诊断较为快捷，取进口犬细小病毒快速诊断试纸，再取少量粪便作为检测样品，5～10分钟内即可做出诊断。

病程初期可尽快注射犬细小病毒单克隆抗体或高免血

清，同时针对脱水性胃肠炎与脱水症状，采取强心补液、抗菌消炎、止吐、止泻、止血等疗法对症治疗。

犬细小病毒性肠炎的特点是病程短、急、发展迅速，有的4～5天即会死亡，长的1周左右。治疗中若能迅速地止泻、止吐、止血，并合理纠正水、电解质及酸碱平衡紊乱，可显著提高治愈率。但心肌炎型的治愈率非常低，往往狗狗会突然死亡。

安全范围的狗狗可在10～12周龄时首次打疫苗免疫，受该病毒威胁的地区可提前到6～8周首次免疫，然后2～3周的间隔连续免疫3次。免疫程序同犬瘟热。

四、其他问题

　　饲养宠物的过程中，我们会遇到很多意想不到的问题，有的带给我们烦恼，有的带给我们欢乐。我们宠爱它们，它们依赖我们。宠物狗不会说话，许多问题我们站在人类的角度无法为它们考虑周到，如果你真的下定决心准备领养一只心爱的狗狗，那么下面的问题也应在你的考虑范围之内。

光滑的地板问题

　　现在的家庭装修常常用木地板或瓷砖，这样的地面让人很舒适，但并不适宜狗狗，尤其是骨骼没有发育完全的小狗狗。

1. 影响骨骼生长

小狗狗肉垫表面很光滑柔软，行走时不足以与地面产生足够的摩擦力。为了不摔倒，狗狗必须和地面较劲，长期发展下去，会使狗狗的骨骼发育出现问题；随着年龄增长，狗狗肉垫会变得粗糙，与地面的摩擦力也会逐渐增加。

2. 造成外伤

即使狗狗已成年，也可能会因为地板太滑而受伤，因为活泼好动的狗狗可能会"刹不住车"，容易撞到桌子，磕破头部或撞到眼睛等部位，造成伤害。

这个问题可以有如下的解决办法：如将狗狗过长的脚底毛剪短，增加摩擦力，让狗狗的抓地力更强；在狗狗的围栏中铺设麻质的地毯或脚垫，增大地面的摩擦力；同时多带狗狗到室外活动，让它多在粗糙的地面上走动。

狗狗自行上楼梯的问题

许多时候，主人会沾沾自喜于自家的狗狗不用再抱着上下楼梯了，因为它会自己上下楼。尤其是狗狗 2 岁以前，不但速度快，有时还会得意地跑上几趟，这样的快乐会持续到 4 岁，当狗狗 6 岁时，速度会慢很多，8 岁时则会一步一个台阶地走。

长期爬楼梯的狗狗，最早4岁就会出现腰椎、四肢关节的损伤，6~8岁时，则会出现四肢关节及腰椎关节功能上的障碍，虽然可能消耗了一些卡路里，但总体看来得不偿失。

狗狗掉毛的问题

家里有狗狗的主人都知道狗狗掉毛，狗狗掉毛的原因很多，总体可分为正常掉毛与非正常掉毛。

正常掉毛的原因有以下几种：

1. 成长过程中掉毛

如同人的毛发，生长、死亡、脱落、更替，这属于正常的新陈代谢。另外也有一些品种的狗狗从幼年期到成长期的过渡过程中，也会出现掉毛现象。

2. 换季造成的掉毛

通常外界温度变化时，狗狗会通过换毛来适应温度的变化。所以换季时狗狗大量掉毛属于正常的掉毛现象，尤其是春、秋换季时，狗狗的掉毛量都比较大。

3. 发情期掉毛

处于发情期的狗狗掉毛量一般比较大。

4. 生育期掉毛

狗狗在生育后会出现大量掉毛的现象，同时因为劳累，体重会减轻，出现消瘦的情况，应该给狗狗适当地补充营养。

5. 老年期掉毛

老年期的狗狗因为新陈代谢缓慢也会出现脱毛现象，此时应注意给老年狗狗补充营养，选用专业的老年期狗粮。

除了以上正常掉毛现象，也会有一些病理性的非正常掉毛，主要有以下几种：

1. 皮肤病引起的掉毛

狗狗感染皮肤病后，如寄生虫、病菌引起的毛囊炎、湿疹，或有跳蚤等会造成脱毛。狗狗也会因为痒而用爪子抓、用牙齿扯，最终导致毛发脱落。

2. 食入盐分过多

狗狗食用盐分过多会造成脱毛现象，包括辛辣、刺激性食物，同时盐分过多也会造成狗狗内脏负荷加重，应食用专业营养配比的猫粮、狗粮。

3. 用人的洗发水给狗狗洗澡

狗的皮肤酸碱度与人类相反，因此用人的洗发水为狗狗洗澡会产生皮屑、瘙痒、掉毛的症状。为狗狗选择合适的沐浴露、护毛素,能有效滋养毛发、防止掉毛。

4. 营养不良

狗狗的营养不良、不均衡,维生素和矿物质的缺乏也会造成掉毛现象。

5. 洗澡过勤

洗澡过勤会破坏狗狗皮肤的酸碱平衡,造成脱毛。

6. 日照时间过少

阳光照射有助于狗狗皮毛健康,缺乏阳光照射,会造成脱毛。

7. 情绪化掉毛

恐惧、紧张、焦虑的情绪会导致狗狗掉毛,因此主人要抽出一定的时间陪伴,消除它的恐惧情绪。

中暑的问题

狗狗是借助舌头上液体的蒸发来散热的,所以如果环境变得热而潮湿时,散热效果会比较差。尤其是炎热的夏季,狗狗的体温会快速上升,很可能因此而中暑。

判断中暑最简单的方法是触摸，看看狗狗的体温是否比平时高出许多；看狗狗腹部无毛的部位皮肤是否出现潮红，是否有出血点、出血斑等情况，如果有，可能就是狗狗中暑了。

1. 什么样的狗狗更容易中暑

① 幼犬：幼犬的身体代谢率较高，容易产生较多的热量。

② 老犬：老年犬的身体循环功能下降，产生的热量不易排出体外。

③ 肥胖的狗狗：因为身体的脂肪会阻隔热量的代谢。

④ 运动量过大的狗狗：身体会产生大量的热量。

2. 狗狗中暑以后的症状

① 发烧：通常体温会超过 41.5℃。

② 呼吸急促、心跳加速：狗狗为散热，体表的血管会极度扩张，血压急速下降，因此通过肺脏的血流量会不足。为了弥补这一不足，动物会用提高呼吸速度，增加心跳速度的方式来改善。

③ 尿少：脱水和肾脏血流量不足所致。

④ 缺氧：因长期喘气而造成咽喉部水肿。

⑤ 出血斑：因为脱水使得血液循环功能下降，血液黏稠度增加而堵塞在体表的微血管中而出现血斑的情况。

⑥ 癫痫、出血、昏迷：脑部出血、水肿所致。

3. 主人的应对措施

① 轻度中暑

狗狗流口水、气喘、莫名的躁动。这时应先解开颈圈、胸带，迅速离开高温环境，去一个温度较低的地方，可以扇扇子、吹风扇，迅速降温；其次是补水，一定要给予新鲜的清水，狗狗慢慢就会恢复。还可以让狗狗舔食冰块，头部用冰块降温，将毛巾打湿后，包住身体降温。

② 中度中暑

狗狗会出现呼吸困难、目光呆滞的情况。此时可以将狗狗泡在冷水中，或让狗狗淋浴冷水，慢慢降温。泡水的同时可以按摩狗狗，也能起到降温的作用，当温度降至39℃即可停止。狗狗体温降低后，应用毛巾将狗狗身体擦干，此时不要用吹风机，因为冷风容易导致感冒，热风又会使体温再次升高。请注意不要使用冰水，以免温度降低过快，给狗狗带来危险；同时用手支撑狗狗头部，使颈部以上高出水面，以免呛水。急救后应立即带狗狗去医院就诊。

③ 重度中暑

当狗狗休克、昏迷时，就是重度中暑了。应迅速用冷水淋湿或用冰毛巾包裹狗狗，或用酒精擦拭，尤其是擦拭腹部无毛的部位，或从肛门处灌冷水进直肠，再送往医院治疗。送医途中应使狗狗头部放低、脖子伸直，保持呼吸道畅通并预防呕吐。如果出现呕吐现象，可使用筷子等工具将呕吐物清除，并将其头朝下，避免狗狗将呕吐物吸入气管，引起吸入性肺炎。

夏天尽量选择傍晚带狗狗散步，傍晚温度比白天低。如果遛狗回来后，发现狗狗趴在地上喘气，可以喂适量冷水。

当狗狗变老了

人们眼中短短的十几年就是狗狗的一生。小型狗狗的老年期大概从 8 岁开始，中型狗狗的老年期从 7 岁开始，大型狗狗的老年期从 6 岁开始，这是一个很残酷的事实。而主人在朝夕相处中已经和狗狗培养出了深厚的感情，面对狗狗的衰老，要理性地看待，同时要细心照顾狗狗的饮食起居，使狗狗在生命最后的四分之一时间里收获幸福和感动。

1. 老年狗狗的饮食

老年狗狗的食物可以选择专用狗粮，如果无法满足，请尽量提供松软、易消化、高钙、含优质蛋白质、低脂肪、低热量的食物，这与人年老时的饮食注意事项是相同的，因为狗狗消化机能减退，吃得太多、太好容易引起消化问题；另一方面，因为老年狗狗活动量减少，吃太多容易引起肥胖。老年狗狗的牙齿不好，肠胃功能也下降，所以不要给太硬的食物。

适当摄入蛋白质：蛋白质能补充体内所需的氨基酸，活动量的大小决定了蛋白质摄入量的多少。老年狗狗因为运动量较小，蛋白质如果摄入过多，将会增加狗狗代谢负担。另外，蛋白质摄入过多，会造成钙质的流失，易引起骨质疏松。因此选择合适的产品，能提高狗狗的消化吸收能力。

适量纤维摄入：纤维能缓解老年狗狗的便秘情况，同时也可以调节葡萄糖代谢。有白内障、动脉硬化、老年痴呆、中风的狗狗，它们的糖代谢往往已经出现了异常。

增加维生素摄入：维生素能对狗狗的身体起到调节作用，缺乏维生素会导致严重的健康问题，适量摄取维生素可以保证狗狗身体健康，但过量摄入会引起中毒。

增加不饱和脂肪酸的摄入：不饱和脂肪酸可调节狗狗的血脂，预防血栓，起到增强免疫功能的作用。

减少钠的摄入：老年狗狗容易患高血压、心脏病，过多摄入钠，不仅会加重病情，还会使体内积存的钠很难排出。尤其是运动量减少的狗狗，需要控制盐分的摄入，这样才能保证狗狗健康。

减少脂肪摄入：老年狗狗随着年龄增长，身体代谢速率降低，能量消耗减慢，很多时候会将热量转化成脂肪，造成肥胖。因此老年狗狗应该进食脂肪量较低的食物。

通常情况下，狗狗在变老的过程中不要更换狗粮，除非它影响到狗狗的健康状况了。一般情况下，也不用特别为老年狗狗补钙，尤其是如果选择了含磷较低的狗粮，因为狗狗对磷与钙的吸收比例基本为 1:1。

如果老年狗狗有发胖的迹象，可以为它更换一款能量较低的狗粮，尽量控制住狗狗的体重，避免发胖；如果出现消瘦的情况，没有其他疾病，可以喂以幼犬的粮食，因为幼犬的食物中含有更多的营养，且不会过量。

一般不建议给老年狗狗喂食奶制品，因为成年狗狗都有可能乳糖不耐受而导致腹泻，更别说身体衰弱的老年狗狗了。所以不要喂食太多的奶制品。

2. 老年狗狗的体检

如果有条件，老年狗狗可以半年体检一次，因为许多疾病如果有较明显的症状时，多数已处于晚期了，治疗难度也比较大。如果能早发现，就可以早治疗，使狗狗少一些痛苦，生命也可以多延长一些。

3. 老年狗狗的运动

即使是冬天，也要让狗狗适当地活动，多晒太阳，防止肥胖带来内脏负担过重而引起老年病。老年狗狗应尽量少爬楼梯，因为容易引起脊椎损伤；也不要做剧烈运动，否则容易引起肌肉拉伤、骨折等。老年狗狗的视觉、听觉都在下降，外出时，不要离它太远，以免狗狗迷路。

4. 老年狗狗的视力

多达 40 个品种的狗狗易患白内障、青光眼等眼部疾病。白内障晚期时，眼球上蒙上白膜；青光眼晚期时，瞳孔在强光下不能缩小，非常痛苦。在日常生活中，如果发现老年狗狗的视力开始减退或经常用前爪揉眼睛时，应尽快就医。眼疾给老年狗狗的生活带来不便，应该提前预防。

5. 老年狗狗的感情

老年狗狗的护理重点在于情感的维护。对待老年狗狗，请主人多一点耐心，当它不小心犯了错误时，不要一味地责怪，给它造成心理负担。主人应多花一点时间陪伴它，观察它的变化，察觉它的异常，陪它走完狗一生中的最后一程。

做一个"克制"的爱狗人

狗是人类的好朋友，很多人为排遣寂寞养一条狗。但养狗人既然将狗视为自己忠诚的朋友，就要为"朋友"的安全和它可能造成的一系列问题买单。作为城市中的一员，在行使自己权利的同时，也应文明养狗、安全遛狗，尊重和保护他人的权利。

1. 不文明养狗的行为表现

① 喂养禁养犬种：有些狗狗不可以在城市中饲养，尤其是很凶猛的狗狗。但很多人为了满足自己的私欲仍然饲养危险犬种，这些狗狗一旦跑到公共场所，会给人的生命、健康带来威胁，也会给主人带来官司和无穷的烦恼。

② 不拴绳遛狗：很多主人自信自家的狗狗不会咬人，所以常常不拴绳。岂不知在受到惊吓或遇到特殊情况时，狗狗可

能会错误地判断形势，而攻击人类，或使自身受到损害，所以一定要防患于未然，出门一定要拴绳。

③ 不清理狗狗大小便：很多狗主人为自己省事让狗狗在外面大小便，却给他人带来不便。狗屎被人踩到不仅恶心，还可能会传播病菌。

④ 狗狗吠叫扰民：一些狗主人没有对自家狗狗进行应有的训练，半夜的吠叫会严重影响周围居民的休息。

⑤ 抛弃狗狗：有些主人没有经过理智考虑，看到别人家的狗狗很可爱，就冲动地也养了一只。等到真正养狗狗了，发现很麻烦，就随意丢弃，致使城市中出现大量流浪狗，这些流浪狗给城市居民的安全带来了隐患。

2. 文明养狗的自我要求

① 饲养性格较温和的狗狗：在城市里，最好选择性格较温和、体型为中小型的狗狗。一来因为空间有限，二来体型较大的狗狗，往往性格凶猛，具有较大的攻击性，很容易伤害陌生人。有的狗狗还会抓伤、咬伤主人，所以为了自己和他人的安全，请饲养性格良好的狗狗。

② 注册：为了给狗狗一个合法的身份，请给狗狗注册，办

理犬证和其他证明。

③ 注射疫苗：为了自己和狗狗的健康，请给它按时注射疫苗，以免恶性病暴发，危及自身。

④ 拴狗绳：遛狗时一定要拴狗绳，这是狗狗安全、其他人安全的重要保障，很多狗狗因为未拴绳而出现车祸、打斗、伤人、走丢、被害事件。

⑤ 清理狗狗排泄物：随身携带垃圾袋、卫生纸等易于方便清理狗狗排泄物的物品，不随地大小便、不污染环境、维护共同的城市环境。

⑥ 解决狗狗吠叫问题：如果狗狗不合时宜地吠叫，应立即制止，使狗狗养成一个好习惯，使它适应与人类相处的生活，也可以为邻居提供一个安静的环境，营造和谐的近邻关系。

⑦ 承担责任：一旦选择了狗狗，请不管贫穷还是富贵，都给予它一生照顾，不离不弃。

★专题　科学认识狂犬病

狂犬病是由狂犬病毒感染人体侵犯中枢神经系统的急性传染病，是一种人畜共患的传染病，病程短，发病后病死率几乎达 100％，大多还未确诊已死亡。人狂犬病一般由已感染的动物或已发病的动物咬伤或抓伤人体皮肤后感染，一旦发病几乎全部死亡。

人患此病后，临床上会表现为特有的三恐，恐风、恐水、恐光，同时狂躁、流涎和咽肌痉挛，最终发生瘫痪而危及生命。一旦被猫、狗咬伤后，应立即去正规医院进行扩创、清洗伤口，并及早全程注射足量的狂犬疫苗。根据伤情在必要时加用抗狂犬人血免疫球蛋白，能有效阻止发病。家里养宠物或亲朋养宠物者、医务人员及经常接触到动物的高危人群要加强预防，定期接种免疫狂犬疫苗。

狂犬病有极大的危害。据调查，全世界每年有 5.5 万人死于狂犬病，即平均每 10 分钟就有 1 人死亡。亚洲为狂犬病严重流行区，其中印度发病人数最多，居世界第一位，我国仅次于印度，居世界第二位。

狂犬病的主要传染源是狂犬，人狂犬病由狂犬传播者约占 80%~90%，其次是猫、猪、牛、马等家畜和野兽如狼、狐等温血动物。有些看上去很"健康"的狗狗却可能携带狂犬病毒。一般情况下，狂犬病患者不是传染源，因为患者唾液中的病毒含量很少，不形成人与人之间的传染。狂犬、病猫、病狼等动物的唾液中含病毒量较大，于发病前 3~5 天即具有传染性。人对狂犬病毒普遍易感，患者中男多于女。本病无明显的季节高峰，但一般以春、夏温暖季节发病较多，冬季发病略少。该病的潜伏期长短不一，5 天~19 年或更长，一般为 1~3 个月。

狂犬病的临床表现分为三个时期：

① 前驱期：常伴有低热、头痛、倦怠、恶心、全身不适，很像感冒，然后表现出恐惧不安，烦躁失眠，对声、光、风等刺激敏感而有喉头紧缩感。这个时期约持续 2~4 天。

② 兴奋期：表现为高度兴奋，有极度恐怖表情，恐水、怕风、体温升高。恐水为本病的特征，但有些患者也可能没有，典型症状为有些患者虽然非常渴，但不敢喝水，听到流水声、提到饮水都会引起咽喉肌严重痉挛。患者神志多清晰，少数病人会出现精神失常。这个时期约 1~3 天。

③ 麻痹期：患者肌肉痉挛停止，出现全身弛缓性瘫痪，患

者由安静进入昏迷状态，最后因呼吸、循环衰竭而死亡。这个时期持续较短，约6～18小时。

本病全病程一般不超过6天。

被动物咬伤后具体的处理方法：

① 洗：尽快用肥皂水冲洗被咬伤口，冲洗半小时，把含病毒的唾液、血水冲掉；

② 挤：能挤压的伤口，要边冲水边挤压，不让病毒被吸收到人体内；

③ 消：冲完后，马上用75%的酒精擦洗消毒伤口内外，尽可能杀死狂犬病病毒；

④ 伤口周边浸润注射免疫球蛋白：注射的剂量按每千克体重20个国际单位；

⑤ 注射狂犬病疫苗：被咬后，尽快接种狂犬病疫苗，越早接种效果越好。

狂犬病的传染源：所有的温血动物都可携带狂犬病毒，如狗狗、猫、吸血蝙蝠、狐狸、狼、臭鼬、浣熊等野生动物。家养动物中健康犬带毒率4%～10%，可疑犬10%～30%。

狂犬病的预防分为暴露前预防、暴露后预防。

暴露前预防只需要注射三针狂犬疫苗，分别是当天注射两剂、第 7 天注射 1 剂、第 21 天注射 1 剂,简称"2-1-1 法"。

暴露后预防则根据接触方式和暴露程度将狂犬病暴露分为三级（表 10-1）。

表 10-1　狂犬病暴露的级别

级别	状态	处理意见
Ⅰ级	触摸动物，被动物舔及完好的皮肤	一般不需处理
Ⅱ级	无流血的皮肤咬伤、抓伤，唾液污染黏膜	应接种狂犬疫苗
Ⅲ级	一处或多处皮肤被穿透性咬伤或被抓伤出血，唾液污染伤口	接种狂犬疫苗、免疫球蛋白或抗血清
在上述原则下，对免疫功能低下者建议首剂狂犬疫苗剂量加倍		

Ⅲ级暴露的处理原则如下：

①立即彻底清洗、处理局部伤口；

②在伤口周围浸润、注射抗血清、人抗狂犬免疫球蛋白；

③及时注射狂犬疫苗。

注意，由于潜伏期长，即使被咬伤数月后的病人也应与刚被咬伤者一样同法处理。

该病的治疗主要包括严密隔离病人，防止唾液污染，尽量保持病人安静，减少风、光、声的刺激，狂躁时用镇静剂；同时加强监护治疗，包括给氧，必要时切开气管，纠正酸中毒，维持水、电解质平衡；给予免疫及抗病毒治疗。